JOHANNES WEBER

BIENEN HALTEN
— MIT DER
BIENENBOX

ÖKOLOGISCH IMKERN
AUF KLEINSTEM RAUM

KOSMOS

INHALT

- 4 — Ein Zuhause für Bienen
- 6 — Bienen sterben – oder nicht?

8 Ökologisch-regenerative Bienenhaltung

- 10 **Biene und Mensch**
- 10 Bienenrassen
- 12 Vom Imker zum „Bienenhalter"
- 13 Ökologisch-regenerative Bienenhaltung
- 16 **Die BienenBox**
- 18 **Der Bien**
- 18 Arbeiterinnen
- 18 Drohnen
- 19 Königin
- 20 Aus einem Ei wird eine Biene
- 21 Was macht die Biene so in ihrem Leben?
- 26 **Bienenprodukte**
- 26 Honig als Kohlenhydratlieferant
- 26 Pollen als Eiweißlieferant
- 28 Wachs
- 28 Propolis
- 31 **Der Bien in der BienenBox**

32 Basiswissen für Bienenhalter*innen

- 34 Verantwortung für Bienen
- 34 Vermieter*innen und Nachbar*innen
- 40 **Bestandteile der BienenBox**
- 40 Naturwabenbau
- 41 Rähmchen
- 41 Mittelwände
- 42 Der Boden der BienenBox
- 44 Jutetuch
- 45 Trennschied und Absperrgitter
- 46 Fluglochverkleinerung
- 47 Futtertasche und Klimadeckel
- 48 Lüftungsklappe, Serviceklappe und Standvorrichtung
- 49 Balkonhalterung und Sichtfenster
- 50 Sonstige Ausrüstung
- 53 **Aufstellen der BienenBox**
- 53 Der ideale Standort
- 54 Finden meine Bienen genug zu essen?
- 54 Aufstellen im Garten
- 55 Aufstellen auf dem Dach
- 55 Anbringen am Balkon

56	**Dein Bienenvolk zieht ein**
56	Was ist ein Schwarm?
58	Woher bekomme ich einen Schwarm?
60	Einzug ins neue Zuhause
65	Beginn mit einem Ableger
67	**Die ersten Tage mit den Bienen**
67	Anmeldung beim Veterinäramt
68	Zufüttern
70	Rähmchen dazuhängen
71	Weiselrichtigkeit prüfen
74	**Weitere nützliche Hinweise**
74	Verhalten an der BienenBox
74	Durchsicht
78	Bienentränke
78	Positionsänderung oder Umzug
79	Versicherungen
80	**Krankheiten und Gefahren**
81	Varroamilbe
82	Amerikanische Faulbrut
84	Durchfallerkrankungen
86	Die Asiatische Hornisse
88	Räuberei
89	Ohrwurm- oder Ameisenbefall

90	**Arbeiten im Jahresverlauf**
92	Bienen im Jahresverlauf
92	Frühling und Sommer
93	Herbst und Winter
94	Einige Gedanken zur Varroabehandlung
96	Varroabehandlung im Sommer
96	Befall bestimmen
98	Ameisensäurebehandlung
101	Biotechnische Varroabehandlung
103	Futterkontrolle
104	Honiginhalt wiegen bzw. schätzen
105	Nachfüttern
106	Oxalsäurebehandlung
112	Winterkontrolle
112	Futterkontrolle Mitte Februar
113	Notfütterung
114	Futterkontrolle März
115	Waben aussortieren
116	Schimmel in der Behausung
117	Winterverluste
119	Erweiterung im Frühjahr
123	Schwarmzeit
123	Schwarmstimmung erkennen
126	Das Volk schwärmen lassen
131	Schwarmvorwegnahme
134	Vermehrung des Volks verhindern
135	Honigernte
136	Honigmenge abschätzen
136	Rähmchen entnehmen
139	Waben ausschneiden
140	**Einfach ökologisch Imkern lernen**

Ein Zuhause für Bienen

Seit meinem ersten Kontakt mit Honigbienen bin ich von diesen Wesen fasziniert. Ein Bienenvolk zu betreuen bedeutet, einen ganz persönlichen Zugang zu den komplexen Vorgängen der Natur zu bekommen. Vor dir liegt eine spannende Reise.

Zeit an der frischen Luft verbringen, etwas Neues lernen, Umwelt schützen, eigenen Honig ernten, sich mit Gleichgesinnten vernetzen, den Ertrag im eigenen Gemüsegarten steigern: es gibt viele Gründe, die Menschen zum Imkerhobby bringen. Vielleicht hast du deine persönlichen Gründe schon klar vor Augen, vielleicht möchtest du dich inspirieren lassen. Bienen halten bedeutet, lebenslang zu lernen. Ich freue mich, dich auf deinem Weg in die faszinierende Welt der Bienen ein Stück begleiten zu dürfen.

SO BEGANN MEINE REISE
Als Kind nahm mich mein Großvater mit zu den Bienen, wann immer es ging. Damals wusste ich noch nichts von Varroamilbe, Imkerschwund oder dem Verlust von Lebensräumen für Bienen. Ich genoss einfach die Natur, die Zeit mit meinem Großvater und das Summen der Bienen. Erst nachdem ich einige Jahre später vom Land in die Großstadt zog und dort einen Gemeinschaftsgarten gründete, beschäftigte ich mich mit Honigbienen, Wildbienen und ihrer Bedeutung für Mensch und Natur.

ZUKUNFTSFÄHIGE BIENENHALTUNG
Das Thema Bienenhaltung hatte mich infiziert. Leider hatte mein Großvater zu diesem Zeitpunkt, circa 2010, seine Imkerhandschuhe schon an den Nagel gehängt. Außerdem trennten uns 800 km, was einen ständigen Wissensaustausch unmöglich machte. Die lokalen Imker, mit denen ich Kontakt aufnahm, waren skeptisch gegenüber jungen und unerfahrenen Leuten wie mir, die sich für alternative Haltungsformen von Bienen interessierten. Im Internet fand ich Gleichgesinnte und ließ in

Auf einem Dach in Berlin-Kreuzberg im Jahr 2017

diesem Sommer schließlich mein erstes Bienenvolk in den Gemeinschaftsgarten einziehen. Nach etwa einem Jahr intensiver Recherche und ersten praktischen Erfahrungen wollte ich eine Bienenbehausung konstruieren, die meinen Wünschen und meinen Ansprüchen an eine zukunftsfähige Bienenhaltung entsprach.

DIE BIENENBOX

Ich entwickelte den ersten Prototypen für die BienenBox: eine kompakte Einraumbeute für Einsteiger*innen und Fortgeschrittene, ideal für die extensive Bienenhaltung. Der Honigertrag sollte Nebensache sein. Durch das Internet wurden viele Menschen auf die BienenBox aufmerksam, die meine Philosophie teilten. Das Interesse an der BienenBox und an der ökologischen Bienenhaltung in der Stadt war so groß, dass ich im Jahr 2014 Stadtbienen e.V. gründete. Heute stehen Bildungsangebote, Projekte mit Schulen, Unternehmen und Gemeinschaftsgärten im Portfolio des gemeinnützigen Sozialunternehmens. Die Vision: **Bienenvielfalt für gesunde Ökosysteme**.

Dieses Buch basiert auf unseren Erfahrungen und Erkenntnissen und erscheint hier in der zweiten Auflage. Auch wenn das Buch dir eine ausführliche theoretische Grundlage für die Bienenhaltung mit der BienenBox bietet, empfehle ich dir, einen praktischen Imkerkurs zu belegen, den wir in vielen Städten im deutschsprachigen Raum anbieten. Auf stadtbienen.org/imkerkurs kannst du Termine finden und dich anmelden.

Johannes Weber
Stadtbienen

Bienen sterben – oder nicht?

In den letzten 15 Jahren hat das Bienensterben viele Menschen bewegt, nicht zuletzt dank des großen medialen Interesses am Thema. Doch was steckt eigentlich hinter dem Begriff, und sind die Honigbienen wirklich in Gefahr?

Als die BienenBox auf den Markt kam und Stadtbienen gegründet wurde, befand sich die Anzahl der Bienenvölker in Deutschland an einem historischen Tiefpunkt. Das Thema Bienensterben schwappte aus den USA nach Deutschland und war bald in aller Munde. Weltweit sinke die Anzahl und Dichte der Honigbienenvölker, Schuld sei die industrielle Landwirtschaft mit Monokulturen, Pestizideinsatz und dem Verlust natürlicher Lebensräume. Die Folge: Weniger Bestäubung durch Honigbienen, mit fatalen Folgen für unsere Lebensmittelversorgung.

EINE NEUE GENERATION

Die Biene wurde zur sympathischen Galionsfigur für Umwelt- und Insektenschutz. Mit ihrer medialen Präsenz stieg das Interesse der Menschen, mehr über sie zu lernen. Privatpersonen bekamen Lust, selbst gegen das Bienensterben aktiv zu werden. Diese neue Generation von Imker*innen ist jünger und weiblicher, und sie interessiert sich für moderne Konzepte der Bienenhaltung, die nicht den Honigertrag, sondern das Wohlergehen der Honigbienen im Zentrum hat. Es ist erfreulich zu sehen, dass die Völkerzahlen seitdem stetig steigen und heute wieder das Niveau von vor 25 Jahren erreicht haben. Sind die Probleme der Honigbiene damit gelöst?

DIE HONIGBIENE IST EIN NUTZTIER

Der Begriff „Bienensterben" ist irreführend, wenn es um unsere Honigbiene geht und wir schlicht die Anzahl an lebenden Bienenvölkern betrachten. Ihre Probleme sind nicht aus der Welt, weil die Völkerzahlen wieder steigen. Aus dem früheren Wildtier wurde durch Ansiedlung neuer Rassen und spezifische Züchtungen ein Nutztier, welches nur unseretwegen in einer stabilen Völkerzahl existieren kann. Ohne menschliche Betreuung würden fast alle Honigbienenvölker in Deutschland sterben. Die Probleme der Honigbienen sind

1. Die Erdbauhummel *(Bombus subterraneus)* gehört zu den stark gefährdeten Wildbienenarten.

2. Kulturlandschaften verdrängen natürliche Lebensräume.

menschengemacht, aber sie erfährt zum Glück durch die Hingabe vieler Menschen Unterstützung. Viele Probleme, z. B. ein Mangel an ausreichend vielfältigen Nahrungsquellen und die Schwächung durch Pestizide, teilt die Honigbiene mit ihren wilden Schwestern: Über die Hälfte der in Deutschland heimischen Wildbienenarten steht auf der Roten Liste. Was wir brauchen, ist klar: eine resiliente und lokal angepasste Honigbiene sowie Nahrung- und Nistplätze für alle Bienen.

EIN BLICK ÜBER DEN MITTEL-EUROPÄISCHEN TELLERRAND

Als Imker in Westafrika habe ich gelernt, dass es auch anders gehen kann. Die lokalen Honigbienen sind relativ aggressiv im Umgang, können sich aber selbst gegen die Varroamilbe behaupten und müssen nicht behandelt werden. Hier gibt es eine stabile Population an lokal angepassten wilden Honigbienen, die sich mit den von Menschen gehaltenen Völkern kreuzt. Das Resultat sind eine hohe genetische Vielfalt, widerstandsfähige Bienen und eine gewisse Unabhängigkeit vom Menschen.

AUFGEKLÄRTE MENSCHEN UND RESILIENTE BIENEN

Ziel der ökologisch-regenerativen Bienenhaltung nach Stadtbienen ist die Förderung der Resilienz unserer Honigbienen. In Zukunft wird nicht nur entscheidend sein, wie viele Bienenvölker es in Deutschland gibt, sondern wie diese gehalten werden. Gerade im Hobbybereich können hohe Qualitätsansprüche realisiert werden – hier steckt das Potenzial der BienenBox-Imker*innen! Ein gemeinsames Ziel sollte sein, dass es wieder stabile Populationen von lokal angepassten Honigbienen gibt, die nicht in Abhängigkeit von menschlicher Betreuung leben. Mit kleinen Schritten, Lernbereitschaft und Hingabe kommen wir diesem Ziel gemeinsam näher.

ÖKOLOGISCH-REGENERATIVE BIENENHALTUNG

Biene und Mensch

Bestäubende Insekten gibt es schon seit über 100 Millionen Jahren. In diesen Jahrmillionen haben sie sich an unterschiedliche geografische und klimatische Gegebenheiten anpassen müssen.

Honigbienen nehmen bei der Bestäubung von Wild- und Kulturpflanzen eine Schlüsselrolle ein. Insgesamt haben sich weltweit neun natürliche Honigbienenarten entwickelt, von denen eine Art als die Westliche Honigbiene (*Apis mellifera*) bezeichnet wird. Diese war ursprünglich in Europa, Afrika und im Nahen Osten zu finden. Durch ihre Beliebtheit in der Honigbienenzüchtung ist sie schon zu Zeiten der Kolonialisierung in andere Gebiete exportiert worden und verbreitete sich in die ganze Welt.

BIENENRASSEN

Insgesamt hat die westliche Honigbiene etwa 25 Unterarten, die als Bienenrassen bezeichnet werden. Eine davon ist die Kärntner Honigbiene (*Apis mellifera carnica*), die ursprünglich südlich der Alpen beheimatet war. Nach dem Zweiten Weltkrieg verbreitete sie sich im deutschsprachigen Raum, wo sie heute die am häufigsten gehaltene Bienenrasse ist. Neben ihr gibt es unter anderem die Buckfastbiene, eine Züchtung des Bienenmeisters Bruder Adam, sowie die Dunkle Biene (*Apis mellifera mellifera*). Beide waren vor der Verbreitung der Kärntner Biene bei uns heimisch, wurden jedoch von dieser verdrängt. Sie besaßen nicht die Eigenschaften, die Imker sich wünschten, und brachten nicht genug Leistung.

Einfluss der Zucht

Durch die Züchtung wurden den Honigbienen gewisse Eigenschaften wie Sammeleifer, Schwarmträgheit und Friedfertigkeit angezüchtet. Dieser Prozess hat aus heutiger Sicht auch viele Probleme

mit sich gebracht, z. B. eine schlechtere Anpassungsfähigkeit und Widerstandsfähigkeit. Die gezielte Züchtung hat dazu beigetragen, dass die Honigbiene heute in Mitteleuropa von der Betreuung durch den Menschen abhängig ist. Heute gibt es immer mehr Bienenhalter*innen, die ihre Bienen nicht züchterisch optimieren, sondern an einer naturnahen Durchmischung der Gene interessiert sind. Vor allem in städtischen Gebieten kann man davon ausgehen, dass durch die höhere Dichte an durchmischten Bienenrassen die Bienenvölker widerstandsfähiger werden.

1. Wilde Honigbienen
2. Buckfast-Bienen mit Königin

ENTWICKLUNG DER IMKEREI

Schon im alten Ägypten (3000 v. Chr.) haben sich Menschen überlegt, wie sie Bienen domestizieren können, um den Honig direkt vor der Haustür zu haben. Das war die Geburtsstunde einer der ersten Bienenbehausungen: Die Tonröhre war von beiden Seiten mit einem beweglichen Deckel verschlossen, der für die Ernte abgenommen werden konnte. Im Mittelalter entwickelte sich mit dem Zeidlerhandwerk die erste gewerbsmäßige Imkerei, bei der die Imker (Zeidler) Honigbienen in alten Bäumen in den Wäldern hielten. Nachdem im 18. Jahrhundert die Korbimkerei sehr verbreitet war, kam es im 19. Jahrhundert zu einer kleinen Revolution, die durch Lorenzo Langstroth ausgelöst wurde. Langstroth entdeckte den sogenannten Bienenabstand (engl. bee space): Der Abstand zwischen zwei Flächen in der Bienenbehausung, der von den Bienen nicht mit Wachs ausgebaut oder mit Propolis verkittet wird. Diese Entdeckung war Voraussetzung für die Arbeit mit beweglichen Rähmchen (Mobilbau) und damit für die moderne Imkerei. Sie entwickelt sich bis heute weiter und hat eine Vielzahl an Behausungsformen hervorgebracht.

VOM IMKER ZUM „BIENENHALTER"

Durch gezielte Züchtung veränderte man über Jahrzehnte hinweg die Eigenschaften der Honigbienen so, dass sie immer angenehmer zu „pflegen" waren und mehr Ertrag brachten. Man fand heraus, dass man den Honigertrag steigern konnte, wenn man ihnen stattdessen Zuckerwasser als Winterfutter anbot. Erst um die Jahrtausendwende begann das Bewusstsein

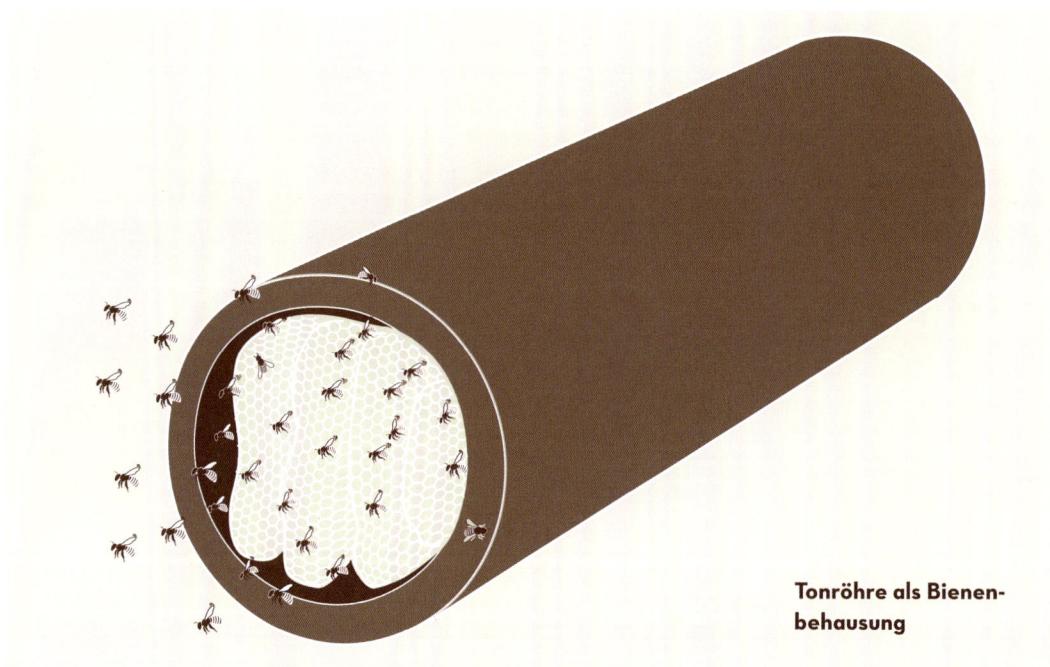

Tonröhre als Bienenbehausung

dafür zu wachsen, dass wir der Bienenwelt durch unsere Eingriffe geschadet haben könnten. Dieser Sinneswandel hat auch die Imkerschaft nachhaltig verändert. Eine neue Generation von Imker*innen bezeichnet sich als Bienenhalter*innen, weil die Honigernte für sie nur Nebensache ist. Viel mehr möchten sie die Bienen schützen und Freude am Hobby haben. Es gibt heute etwa genauso viele Bienenvölker wie im Jahr 1990, aber sie teilen sich auf viel mehr Halter*innen auf. Dadurch ist die Imkerei dezentraler, mit einer höheren Standortdiversität.

ÖKOLOGISCH-REGENERATIVE BIENENHALTUNG

Im Gegensatz zur rein ökologischen Bienenhaltung, die sich auf die partielle Verbesserung der Lebensumstände der Honigbiene als Nutztier konzentriert, verlagert die regenerative Bienenhaltung den Schwerpunkt weg vom Konzept des Nutztiers hin zur Förderung der Resilienz und Regeneration von Honigbienen. So beinhaltet auch die EU-Richtlinie für ökologischen Landbau in vielen Teilen für uns unzureichende Maßnahmen, um zukünftig wieder gesunde Honigbienen zu bekommen. Die langfristige Vision besteht darin, Honigbienen so zu stärken, dass sie sich wieder erholen und stabile Populationen aufbauen, auch ohne menschliche Betreuung. Unsere Philosophie ist daher eine ökologisch-regenerative Bienenhaltung. Diese basiert auf dem Verständnis, dass ein Bienenvolk als Organismus (Bien) betrachtet wird. Nur im Zusammenspiel aller Individuen kann ein Volk als Ganzes überleben. Eigenschaften und Launen, die man grundlegend einem Lebewesen zuschreiben würde, werden hier auf das ganze Volk übertragen und können sich von Volk zu Volk grundlegend unterscheiden. Mein Bien kann demnach die Eigenschaft haben, mir die Behausung mit seinem Kitharz so stark zu verkleben, dass ich die Rähmchen nur schwer bewegen kann, oder ein Früh- bzw. Spätaufsteher sein. Jedes neue Bienenvolk wird dich vor neue Aufgaben stellen. Bei der ökologisch-regenerativen Bienenhaltung geht es um eine innere Überzeugung, die jede deiner Handlungen am Bienenvolk beeinflusst. Die drei wichtigsten Themen habe ich im Folgenden für dich zusammengefasst.

1. Überwintern auf dem eigenen Honig

Der Honig, den der Bien sammelt, ist sein Energievorrat, um über den Winter zu kommen. Neben Glucose und Fructose, besteht er aus verschiedenen Vitaminen, Aminosäuren und Mineralstoffen. In der honigintensiven Imkerei wird den Bienen der ganze Honigvorrat aus der Behausung entnommen und dafür Zuckerwasser zugeführt. Die Bienen können die Saccharose im Haushaltszucker umwandeln und einlagern, die wertvollen Inhaltsstoffe des Honigs fehlen ihnen jedoch.

> **ÖKOLOGISCH-REGENERATIVE BIENENHALTUNG**
>
> Folgende drei Merkmale sind charakteristisch für unsere Bienenhaltung:
>
> **1.** Überwintern auf dem eigenen Honig
>
> **2.** Naturwabenbau
>
> **3.** Natürliche Fortpflanzung

ÖKOLOGISCH-REGENERATIVE BIENENHALTUNG

1. Ein Bienenschwarm sieht beeindruckend aus, ist aber ungefährlich.

2. Fast so wie in der Natur: Honigbienen in der Klotzbeute.

Es liegt nahe, dass die Bienen durch den Verzehr ihres eigenen Honigs resilienter gegenüber Krankheiten und Umwelteinflüssen werden. Deshalb soll mit der BienenBox nur die Menge Honig geerntet werden, die das Bienenvolk nicht selbst zum Überwintern braucht. Damit haben alle gewonnen: Die Bienen können den Winter über ihren eigenen Honig verzehren und leiden nicht unter Mineralstoff- und Vitaminmangel, und wir können den überschüssigen Honig genießen.

2. Naturwabenbau

Aus Effizienzgründen werden in der honigintensiven Imkerei Mittelwände eingesetzt. Die vorgefertigten Wachsplatten werden in die Rähmchen montiert. Durch das künstlich eingebrachte Wachs können die Bienen mehr Energie für das Honigsammeln verwenden, was wiederum den Honigertrag steigert.

Wir möchten den Bienen kein Wabenwerk vorgeben, das ihnen Zellgrößen vorgibt und möglicherweise ihre Kommunikation mittels Wabenvibration verschlechtert. Die Integrität des Wabenwerks – man könnte es sogar als Skelett des Bienenvolks betrachten – soll so wenig wie möglich gestört werden. Deshalb sollte der Bien selbstbestimmt sein eigenes Wabenwerk bauen dürfen (statt die Waben eines anderen Volks oder maschinell hergestellte zu bekommen).

3. Natürliche Fortpflanzung

Königinnenzucht bietet die Möglichkeit, von Menschenhand bestimmte Eigenschaften (Honigleistung, geringe Schwarmneigung, Friedfertigkeit) durch züchterische Tätigkeit bzw. Selektion gezielt zu kontrollieren. Hierfür werden z. B. befruchtete Eier aus einem Zuchtvolk, das den Anforderungen entspricht, entnommen und in ein Pflegevolk eingebracht, das die Aufgabe hat, die Königinnen aufzuziehen. Bei der ökologisch-regenerativen Bienenhaltung folgt die Vermehrung dem natürlichen Schwarmtrieb, der den Bienen überlässt, ihre eigene Königin heranzuziehen. Die neue Königin bleibt mit der Hälfte des Volks in der BienenBox zurück, während die alte Königin mit der anderen Hälfte ausfliegt und einen neuen Bien gründet.

BIODIVERSITÄT

... bedeutet genetische Vielfalt bzw. Variation von Organismen. Du förderst sie, wenn deine Bienen ihre eigene Selektion ausführen. Dadurch werden deine Bienen mit einem gestärkten Immunsystem bzw. gesteigerter Vitalität besser an die Umweltgegebenheiten angepasst sein.

Frische Naturwabe aus der BienenBox

Die BienenBox

Die BienenBox ist eine Trogbeute, die einem umgefallenen Baumstamm nachempfunden ist. Sie ist für die ökologisch-regenerative Bienenhaltung entwickelt und eignet sich für Einsteiger*innen.

Das Angebot an Bienenbehausungen (Beuten) ist groß – das kann für Einsteiger*innen ganz schön überwältigend sein. Die BienenBox ist die ideale Behausung für Hobby-Bienenhalter*innen, die ihren Bienen ein naturnahes Zuhause geben möchten.

FLEXIBEL

Die BienenBox wurde so konzipiert, dass sie flexibel an unterschiedlichen Orten eingesetzt werden kann. Durch die spezielle Balkonhalterung kann die Box auch an der Balkonbrüstung angehängt werden. Für den Garten und das Dach gibt es eine Standvorrichtung, die ein bequemes Aufstellen in angenehmer Arbeitshöhe erlaubt. Die BienenBox ist besonders kompakt und hat keinen hohen Platzbedarf. Die meisten Teile können ausgetauscht oder nachgerüstet werden. Das Sichtfenster ermöglicht Kindern und Erwachsenen einen gefahrlosen Einblick in das Treiben im Bienenvolk. Mit der Standvorrichtung kann die BienenBox auch vom Rollstuhl aus einfach bedient werden.

EINFACH

Die Behausung ist darauf optimiert, so verständlich und einfach wie möglich zu sein. Durch die Rähmchen, die alle auf einer angenehmen Arbeitsebene liegen, bietet die Box einen tiefen Einblick, ohne dass du schwere Teile tragen oder bewegen musst. Kombiniert mit dem kleinen Rähmchenmaß (Kuntzsch hoch) eignet

Die BienenBox ist als Baukastensystem erhältlich.

sie sich deshalb gut für Menschen mit eingeschränkter Mobilität in den Händen. Auf dem weißen PVC-Boden der BienenBox sammelt sich das Gemüll der Bienen. Damit ermöglicht er detaillierte Einblicke in das Geschehen und den Zustand des Bienenvolks.. Das Jutetuch, das alle Rähmchen bedeckt, lässt den Betreuenden sehr genau dosieren, welcher Bereich des Wabenwerks verdeckt bleiben soll und welcher geöffnet wird.

ÖKOLOGISCH

Die BienenBox wurde nach unseren Ansprüchen einer zukunftsfähigen Bienenhaltung entworfen. An den Rähmchen haben wir Schiffsrumpfleisten vormontiert, die deinen Bienen einen Startpunkt für den Naturwabenbau liefern. Da die BienenBox eine Trogbeute ist, die nur aus einem Korpus besteht, kann das Brutnest nicht wie bei anderen Behausungen geteilt werden. Dies bietet dem Bien einen sicheren Schutzraum, um seine Brut zu versorgen. Durch die längliche Form der BienenBox kann die Honigernte durchgeführt werden, ohne die Königin durch ein Absperrgitter in ihrer Bewegungsfreiheit einzuschränken.

Nicht zuletzt wird die BienenBox aus zertifiziertem Holz und bienenfreundlicher Lasur hergestellt. Unser Produktions- und Logistikpartner sind die Berliner Werkstätten für Menschen mit Behinderung (BWB), mit denen wir seit Beginn an eng zusammenarbeiten.

Der Bien

Der Bien ist als Superorganismus ein Zusammenspiel von zeitweise mehr als 40 000 Individuen. Dieser Organismus besteht aus drei Bienenwesen.

ARBEITERINNEN
Die meisten Bienen im Volk sind Arbeiterbienen. Jede Arbeiterin hat im Lauf ihres Lebens viele verschiedene Jobs. Die Anzahl an Arbeiterinnen bleibt innerhalb eines Stocks nicht stetig, sondern passt sich je nach Jahreszeit den geforderten Gegebenheiten an. Im Frühling (April, Mai) steigt ihre Anzahl in kurzer Zeit stark an. Über 40 000 Arbeiterinnen in einem Stock sind da keine Seltenheit. Nach der Sommersonnenwende sinkt die Anzahl der Bienen im Stock. Um die Winterzeit sind es oft nur um die 10 000 Arbeiterinnen, die sich selbst und ihre Königin bis in den nächsten Frühling bringen.

DROHNEN
Die männlichen Bienen heißen Drohnen. Sie werden nur vom Volk herangezogen, wenn sie gebraucht werden. Dieser Zeitraum erstreckt sich von April bis August und endet mit der sogenannten Drohnenschlacht, bei der die Arbeiterinnen die Drohnen aus dem Stock werfen. Zu Hochzeiten sind in einem Bienenstock um die 5–20 % Drohnen, die keine Werkzeuge für das Nektarsammeln oder Wachsdrüsen besitzen, um sich an der alltäglichen Arbeit der Arbeiterinnen zu beteiligen. Stattdessen scheint es einem so, dass sie sich gern von den Arbeiterinnen im Stock bedienen lassen. Ihre biologische Bestimmung liegt größtenteils in der Befruchtung einer jungen Königin, die

Arbeiterbienen mit Drohn

Bienenkönigin mit Arbeiterbienen

auf einem der regelmäßigen Ausflüge stattfinden soll. Dafür treffen sich sämtliche Drohnen aus unterschiedlichen Bienenstöcken in einem Umkreis von einigen Kilometern an einem von mehreren Sammelplätzen, die zumeist in 10–20 m Höhe liegen. Fliegt nun die junge und noch unbegattete Königin an einem dieser Sammelplätze vorbei, fliegen ihr die Drohnen hinterher und begatten sie während des Flugs. Eine Königin wird in diesem Verlauf von mehreren Drohnen begattet, bis sie wieder von ihrem Hochzeitsflug in den Stock zurückkehrt. Durch die Ansammlung verschiedenster Drohnen, von unterschiedlicher Herkunft aus fremden Behausungen, stellt die Natur die nötige genetische Diversität sicher und schützt vor Inzest.

KÖNIGIN

Jedes Bienenvolk braucht eine Königin (Weisel), um zu überleben. Optisch unterscheidet sie sich durch ihre Größe, den langen Hinterleib und ihre Art, sich zu bewegen. Ist eine junge Königin begattet worden, kann sie ihr ganzes Leben befruchtete Eier legen. Damit sichert sie den Fortbestand des Bienenvolks. Im Frühling, wenn das Bienenvolk anwächst, legt die Königin bis zu 2 000 Eier am Tag, aus denen sowohl Arbeiterinnen und Drohnen und zur Schwarmzeit auch junge Königinnen schlüpfen.

Die Königin kann durch ihre Samenblase, die die Drohnensamen von ihrem Hochzeitsflug enthält, bestimmen, welche Eier befruchtet bzw. nicht befruchtet werden. Wird ein Ei von ihr befruchtet, entsteht daraus eine Arbeiterin; wenn nicht, entsteht daraus ein Drohn.

Durch ihren Duftstoff, der innerhalb des Bienenstocks von Biene zu Biene weitergegeben wird, gibt die Königin dem ganzen Volk eine individuelle Note, die eine klare Zusammengehörigkeit des Volks bestimmt und gewisse Prozesse im Bienenvolk steuert.

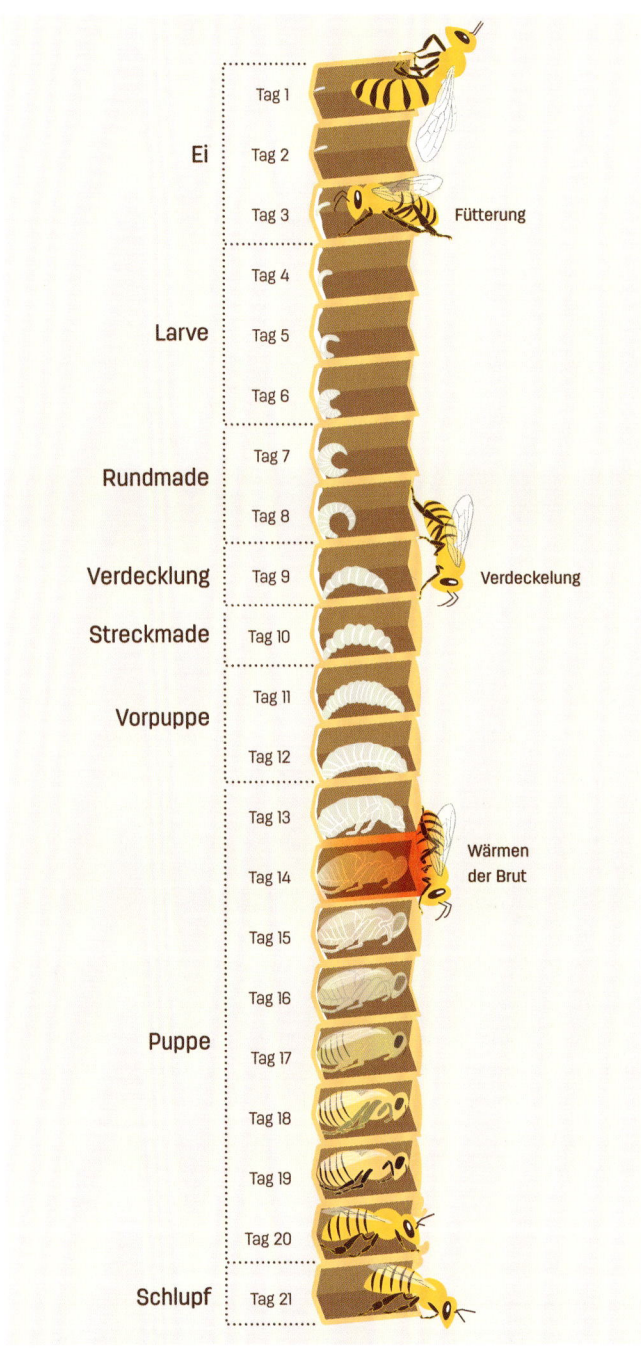

AUS EINEM EI WIRD EINE BIENE

Ein Bien ist die meiste Zeit des Jahres damit beschäftigt, ein Brutnest, das zentral in der BienenBox liegt, zu pflegen. Die Wabenzellen im Bereich des Brutnests werden dafür benutzt, Nachkömmlinge heranzuziehen. Zu Beginn legt die Königin ein Ei auf den Zellenboden einer Wabenzelle. Nach Abtasten der Zellgröße legt sie ein befruchtetes oder unbefruchtetes Ei ab, was wiederum bestimmt, ob daraus ein Drohn oder eine Arbeiterin entsteht. Die Entscheidung, wie viele Drohnen und Arbeiterinnen es im Volk geben soll, liegt demnach beim Bien selbst. Entsprechend dem aktuellen Bedarf kann das Volk festlegen, wie viele Drohnen und Arbeiterinnen es nachziehen will. Ähnlich verläuft es bei einer neuen Königin. Wird eine große, längliche Zelle, die vertikal am Wabenwerk liegt, von den Baubienen gebaut, legt die Königin dort ein befruchtetes Ei ab. Die Larve in dieser sogenannten Weiselzelle wird von den Ammenbienen bis zur Verdeckelung mit einem speziellen Futtersaft (Gelée royale) gefüttert. Im Gegensatz zu den heranwachsenden Jungköniginnen, bekommen die Arbeiterinnen diesen Futtersaft nur bis zum vierten Tag.

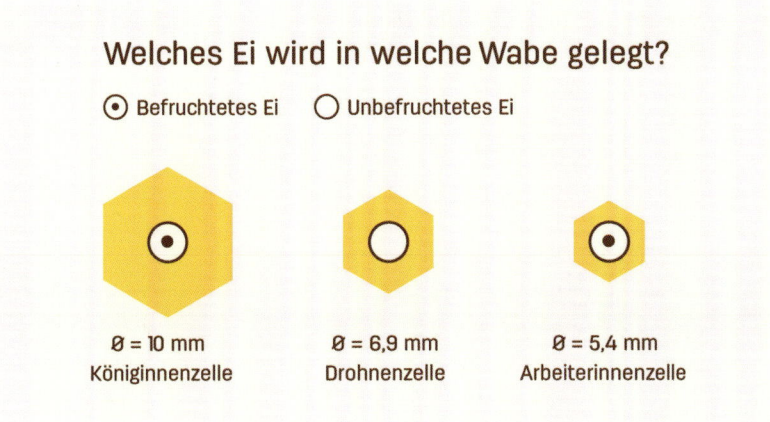

Unterschiedliche Zellengrößen und befruchtetes oder unbefruchtetes Ei bestimmen u. a. die Entwicklung von Königinnen, Drohnen und Arbeiterinnen.

Entwicklung

Die Entwicklungszeiten der einzelnen Bienenwesen sind alle unterschiedlich und so auch ihre Art der Befütterung. Ammenbienen produzieren ihren Futtersaft in der Hypopharynxdrüse sowie in der Mandibeldrüse im Kopf. Gelée royale für die jungen Königinnen entsteht zum größeren Teil in der Mandibeldrüse, und der Futtersaft für die Arbeiterinnen entsteht zum größeren Teil in der Hypopharynxdrüse. Das Bienenbrot, das nach dem Futtersaft gefüttert wird, besteht aus einer Mischung aus Honig und Pollen. Jedes Bienenwesen durchläuft mehrere Entwicklungsstadien: vom Ei zur Larve (eine Made, die in der geschlossenen Zelle heranwächst) zur Puppe (die sich zum Schlupf durch den geschlossenen Zelldeckel nagt). Diese Entwicklung dauert bei der Arbeiterin 21, beim Drohn 24 und bei der Königin 16 Tage.

Temperatur im Brutnest

Wichtig für die Entwicklung der Bienen im Brutnest ist die Temperatur, die konstant zwischen 33 und 36 °C liegen sollte. Gerade bei kalten Außentemperaturen müssen die Bienen ihre Brut aktiv wärmen. Dafür legen sie sich auf den Zelldeckel der Brut und erzeugen durch das Zittern der Flugmuskulatur Wärme. Genauso kann es natürlich zu warm werden, was die Bienen dazu veranlasst, mit ihren Flügeln eine Ventilation durch die Behausung zu erzeugen.

WAS MACHT DIE BIENE SO IN IHREM LEBEN?

Bienen haben im Allgemeinen nicht alle dieselbe Lebenserwartung. Dabei unterscheidet sich nicht nur der Drohn von der Königin bzw. der Arbeiterin, es unterscheidet sich auch die Arbeiterbiene, die im Sommer lebt, von der Arbeiterbiene, die im Winter lebt.
Eine Biene, die im Frühjahr oder Sommer zur Welt kommt, lebt ein bis drei Monate lang.

Eine Arbeiterin, die im Herbst auf die Welt kommt, lebt etwa sechs bis sieben Monate lang. Gewissermaßen ist der Biene ein Energiepensum geschenkt, das sie im Sommer in sehr kurzer Zeit verbraucht und das im Winter, durch eine inaktivere Lebensweise, länger anhält.

 Putzbiene
Nachdem die Sommerbiene sich durch ihren Zelldeckel genagt hat, wird sie ihre ersten Lebenstage damit verbringen, die Hygiene des Stocks aufrechtzuerhalten. Eine gute Stockhygiene ist entscheidend für die Gesundheit des Biens. Vor allem die Brutzellen müssen, nachdem die jungen Bienen geschlüpft sind, auf die nächste Eiablage der Königin vorbereitet werden. Hierzu werden sie mit desinfizierendem Propolis überzogen, das die Bienen aus Baumharz, Wachs und Pollen herstellen.

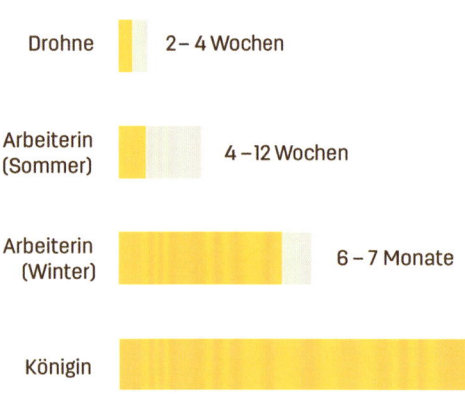

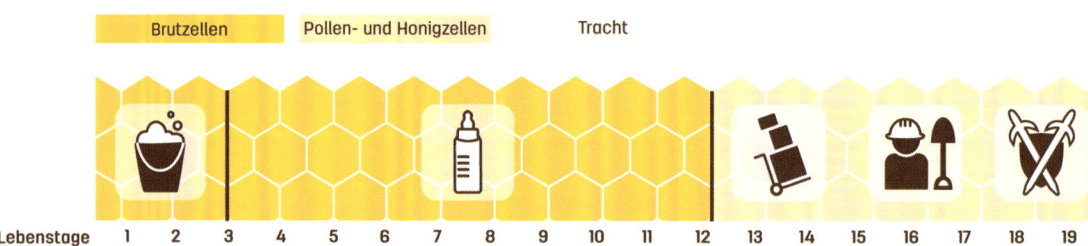

Ammenbiene

Wenn die Arbeiterin einige Tage alt ist, widmet sie sich als Ammenbiene der Pflege der jungen Brut. Sie produziert in ihrer Kopfdrüse einen Futtersaft und gibt diesen in die Brutzellen. In diesem Futtersaft schwimmen dann die frisch abgelegten Eier. Ältere Larven füttert die Amme mit Bienenbrot, einem Gemisch aus Pollen und Honig. Die Königinnenlarven füttern die Ammenbienen mit einem speziellen Futtersaft, dem Gelée royale. In den Sommermonaten werden außerdem die adulten Drohnen von den Ammenbienen gefüttert und geputzt.

Baubiene

Ungefähr ab ihrem 13. Lebenstag beginnt die Arbeiterin, sich am Wabenbau zu beteiligen. Das ist möglich durch die Wachsdrüsen, die nun die Futtersaftdrüsen ersetzen. Sie kann jetzt winzige Wachsplättchen ausschwitzen, die sie mit ihren Mundwerkzeugen verarbeitet und zu Wabenstrukturen formt.

Einige Arbeiterinnen helfen in diesem Alter bei der Honigproduktion. Sie nehmen heimkehrenden Sammlerinnen den Nektar ab und lagern ihn in den Zellen ein. Der Nektar wird dabei im Honigmagen der Bienen transportiert und bei Weitergabe an eine andere Biene heraufgewürgt. Die Bienen versetzen den Nektar dabei mit Enzymen, Peptiden und weiteren Stoffen und lagern ihn schließlich in den Zellen ein. Dort sorgen sie mit heftigen Flügelschlägen dafür, dass das Wasser im Nektargemisch verdunstet. Erst wenn sie mit Hilfe dieser Technik den Wassergehalt des Honigs unter 18 Prozent gebracht haben, wird die Wabenzelle mit einem Zelldeckel versiegelt. Eine weitere Arbeit ist das Einstampfen von Pollen, der von den Flugbienen mit in den Stock gebracht und als Eiweißlieferant zusammen mit Honig als Bienenbrot an die Brut verfüttert wird.

3 – 5 Jahre

22 23 24 25 26 27 28 29 30 31 32 33 34 35 36 37 38 39 40 41 42

Wächterbiene

Nachdem die Arbeiterin ihre ersten Flugstunden außerhalb des Stocks überstanden hat, beginnt sie als Wächterbiene das Flugloch ihres Stocks gegenüber Feinden zu verteidigen (z. B. Wespen oder fremde Bienen), die an den Honig oder die Brut möchten.

Sammelbiene

Erst in der zweiten Hälfte ihres Lebens beginnt die Biene ihren Dienst als Sammelbiene. Jetzt fliegt sie tagtäglich aus und sammelt in einem Radius von 3 km zu ihrem Stock die wichtigsten Dinge für das Überleben ihres Volks: Nektar, Pollen und Wasser. Ihre Ausflüge in die Umwelt ihres Stocks, bei denen bis zu 2 000 Blüten am Tag von ihr bestäubt werden, benötigen viel Energie. Ihre Lebenserwartung liegt deshalb bei nur etwa 42 Tagen. Die Bienen sterben meist außerhalb des Stocks, um ihrem Volk mit einem Tod innerhalb des Stocks nicht zur Last zu fallen.

Winterbienen

Im Herbst werden die Winterbienen geboren. Diese Arbeiterinnen haben andere Aufgaben und mit bis zu 6 Monaten eine deutlich längere Lebenserwartung als die Sommerbienen. Das Bienenvolk schrumpft jetzt auf rund 10 000 Individuen, die gemeinsam durch den Winter kommen müssen. Dabei ist Energiesparen angesagt. Je kälter die Temperaturen werden, desto langsamer bewegen sich die Bienen und desto enger ziehen sie sich in ihrer Wintertraube zusammen. Die Hauptaufgabe der Winterbienen besteht darin, den gespeicherten Honig zu verteilen und ihn effektiv für die Königin und die ganze Bienentraube durch enzymatische Spaltung und Zittern der Brustmuskulatur in Wärme umzuwandeln. Durch das Aufheizen erreicht das Bienenvolk Brutnesttemperaturen von 35 °C. Auf den ersten Blick scheinen alle Arbeiterbienen identisch. Tatsächlich bilden sich entsprechend ihrem Schlupfzeitpunkt im Jahresverlauf verschiedene Eigenschaften heraus. So haben die Bienen im Mai gute Eigenschaften, Waben zu bauen, weil sie mit einem neuen Schwarm ein komplett neues Zuhause erschaffen müssen. Im Winter haben die Bienen eine vergrößerte Kotblase, weil sie den ganzen Winter nicht aus dem Stock fliegen können, um dort ihre Notdurft zu verrichten.

Honigbiene mit Pollen beladen

Bienenprodukte

Bienen sammeln und erzeugen Produkte, die im Bienenvolk wichtige Funktionen erfüllen. Aber auch für uns Menschen sind diese Produkte nützlich.

HONIG ALS KOHLENHYDRATLIEFERANT

Der Bien sammelt den kohlenhydratreichen Nektar und macht daraus Honig, um die Brut zu füttern und in den blütenlosen kalten Monaten einen Nahrungsvorrat zu haben, der das Überleben des gesamten Organismus ermöglicht. Der Nektar befindet sich in den tiefen Kelchen der Blüten und muss dort von den Sammelbienen über ihr Mundwerkzeug (Saugrüssel) in die Honigblase aufgezogen werden. Nach 100 Blütenbesuchen kehrt die Biene mit einer vollen Blase (ca. 45 mg Nektar) wieder zurück zum Stock und übergibt dort einer Stockbiene den Inhalt. In der Honigblase der Biene wird der Nektar mit Peptiden und Enzymen versetzt, und nach mehrmaliger Weitergabe von Biene zu Biene wird aus dem Nektar der Honig. Nachdem dieser eingelagert wurde und die Bienen ihn mit Fächern unter einen Wassergehalt von 18 % gebracht haben, ist der Honig haltbar und die Zelle wird verdeckelt. Außer Nektar sammeln die Bienen auch Honigtau an Bäumen und Sträuchern. Honigtau nennt man die zuckerhaltigen Ausscheidungen von Läusen, die von den Bienen aufgesammelt werden und auf gleiche Weise wie der Nektar in den Stock gelangen.

POLLEN ALS EIWEISSLIEFERANT

Während sie den süß duftenden Nektar aus den Tiefen der Blüte saugt, streift die Biene die Pollen an den Staubbeuteln der Pflanze ab. Diese bleiben daraufhin im Haarkleid der Biene hängen. Die aktiv pollensammelnde Arbeiterbiene schiebt diesen Pollen an ihre Hinterbeine und sammelt ihn dort

HONIG

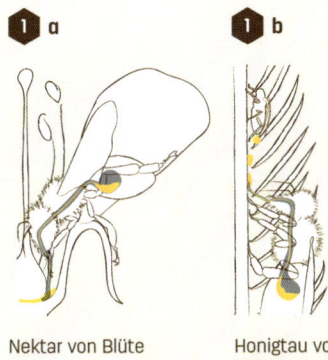

1 a Nektar von Blüte
1 b Honigtau von Blattlaus (Waldhonig)

2 Peptide und Enzyme werden im Honigmagen hinzugefügt.

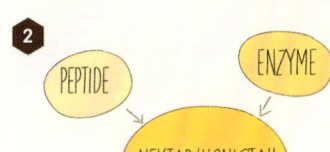

3 Übergabe im Stock -> Nektar/Honigtau wandelt sich langsam in Honig um.

4 Wasserentzug durch Fächern

HONIG

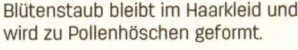

5 Wassergehalt < 18%
-> Honig wird verdeckt

POLLEN

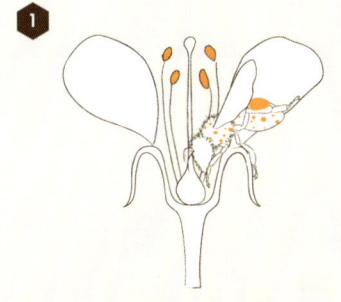

1 Blütenstaub bleibt im Haarkleid und wird zu Pollenhöschen geformt.

2 Pollen wird der Sammlerin im Stock abgenommen, mit Nektar und Speichel befeuchtet und in den Waben eingelagert.

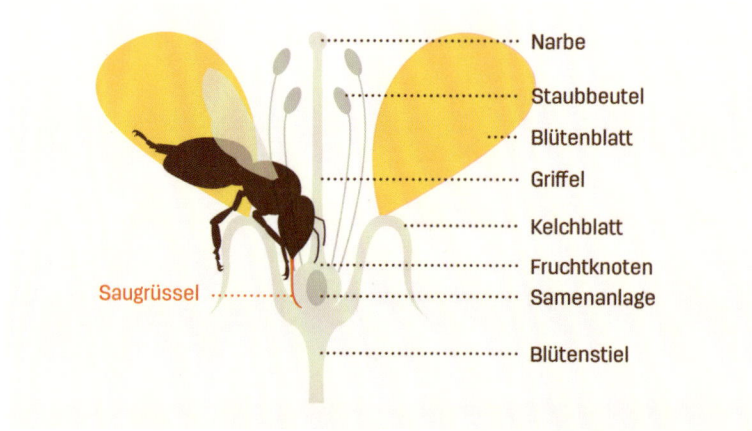

Honigbiene saugt Nektar aus einer Blüte und bestäubt dabei.

zu einem Pollenhöschen. Bei ihrem nächsten Blütenbesuch streifen die anklebenden Pollenkörner im Haarkleid die Narbe einer anderen Pflanze, die somit bestäubt wird. Wenn die Biene genug vom eiweißreichen Pollen gesammelt hat, kehrt sie zurück zum Stock und übergibt diesen ebenfalls an die Stockbienen. Diese reichern ihn mit Nektar an und lagern ihn meist nahe der Brut, um damit auf kurzem Weg die Nachkömmlinge zu füttern.

WACHS

Das Wabenkonstrukt aus Wachs entsteht durch die Zusammenarbeit vieler Arbeiterinnen, die an ihrem Hinterleib auf der Bauchseite feine Wachsplättchen ausschwitzen. Diese Wachsdrüsen der Bienen sind in einem bestimmten Zeitraum ihres Lebens besonders aktiv. Jede einzelne Wachsschuppe wird mit Hilfe des Mundwerkzeugs vorbereitet und an den Rand des bestehenden Wabenbaus angeheftet.

Ein Wachsplättchen wiegt etwa 0,8 mg, was bedeutet, dass für 1 kg Bienenwachs 1,25 Millionen Plättchen produziert und verarbeitet werden müssen. Am Ende entsteht ein Wabenwerk, das durch die typische sechseckige Form mit minimalem Materialaufwand möglichst viel Raumvolumen bietet.

PROPOLIS

Propolis ist ein Gemisch aus Wachs, Pollen, ätherischen Ölen und Harz. Dank seiner antibakteriellen, antiviralen und antimykotischen Wirkung ist Propolis ein echter Allrounder im Bienenstock (und sehr beliebt in der Naturheilkunde). Wie das Harz eine junge Knospe vor dem Eindringen fremder Viren und Bakterien schützt, so schützen die Bienen ihre Behausung mit dieser klebrigen Masse. Deshalb werden alle kleinsten Öffnungen mit Propolis gefüllt bzw. Flächen damit überzogen. Auch die Innenwände der Brutzellen werden nach jedem Brutzyklus mit Propolis desinfiziert.

Wachs

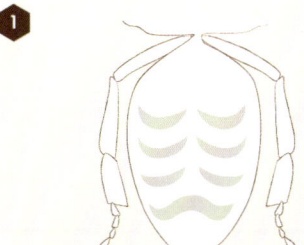

Acht Drüsenfelder, so genannte Wachsspiegel auf der Bauchseite, produzieren Wachs.

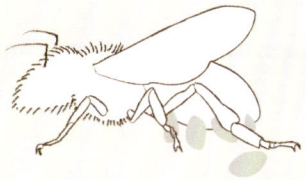

Ist das weiße Wachs aus der Körperoberfläche der Biene ausgetreten, erstarrt es zu hauchdünnen Schuppen in der Größe von menschlichen Kopfhautschuppen.

1 ___

PROPOLIS

Harz von Bäumen, Knospen, Früchten oder Blättern

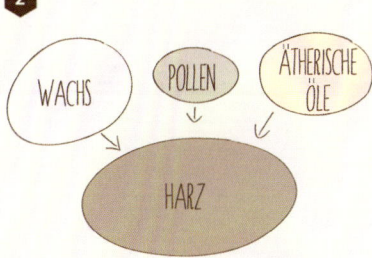

Harz wird von den Bienen mit Wachs, Pollen und ätherischen Ölen angereichert und dadurch zu Propolis.

2 ___

1. Wachs der Honigbiene
2. Propolis der Honigbiene

Der Bien in der BienenBox

Zu Beginn stellt ein natürlicher Schwarm eine zusammenhängende Kugel aus Bienen ohne Wabenwerk dar.

Diese Kugel platziert sich nach dem Einbringen in die BienenBox in der Nähe des Fluglochs unter dem Deckel. Von hier aus breitet sich der Schwarm wie eine anwachsende Kugel zu beiden Richtungen aus. Innerhalb dieser Bautraube werden die Waben gebaut, ohne die es keine Möglichkeit geben würde, Brut oder Nahrung einzulagern. Wenn der Bien anwächst, wird er mehr und mehr Waben bauen. Dies unterstützt du durch die Erweiterung bzw. Zugabe von neuen Rähmchen. Für die Bienen besteht die fragmentierte Darstellung, die mit den Rähmchen geschaffen wird, nicht. Die Rähmchen sind eine Hilfe bzw. Möglichkeit für dich, einzelne Waben aus dem Volk zu entnehmen. Der Bien jedoch fühlt sich in seinem zusammengehörigen Werk, das von dir als Zwiebelmodell verstanden werden kann. Der innerste Kern ist dabei das Brutnest, welches das Herzstück des Volks darstellt. Um das Brutnest liegt ein Kranz, der von den Bienen genutzt wird, um Pollen in den Wabenzellen einzulagern. Der Pollen als Eiweißlieferant dient den Ammenbienen dazu, die Brut im Zentrum mit Bienenbrot zu versorgen. Der äußerste Kranz wird als Futterkranz bezeichnet. Dieser ist von den Dimensionen der größte und passt sich der langgezogenen Form der BienenBox an. In diesem Kranz wird der Honig eingelagert und durch die Form dehnt er sich oval in den fluglochfernen Bereich der BienenBox aus. Diese Eigenschaft ist auch maßgebend dafür verantwortlich, warum die Honigernte sehr leicht vom fluglochfernen Teil der BienenBox stattfinden kann, da dort keine Brut mehr in den Waben zu finden ist. Je nach Jahreszeit dehnt sich dieses Modell in der BienenBox aus bzw. zieht sich zusammen. Im Frühjahr wächst das Brutnest stark an, nach der Sommersonnenwende schrumpft das Brutnest wieder und der Futterkranz wird größer, da deine Bienen viel Honig für den kommenden Winter speichern möchten.

BASISWISSEN FÜR BIENEN-HALTER*INNEN

Verantwortung für Bienen

Bevor du mit der Bienenhaltung beginnst, solltest du gründlich recherchieren und abwägen, ob du bereit bist, Verantwortung für Bienen zu übernehmen.

Bienen sind auf deine Fürsorge angewiesen. Du kannst sie nicht sich selbst überlassen, und je nach Jahreszeit wirst du mehr oder weniger an der BienenBox zu tun haben. Du kannst davon ausgehen, dass du zwischen Mai und Juli sehr aktiv sein musst und zwischen Oktober und März recht wenig. Mit der BienenBox liegt der effektive Zeitaufwand für die Betreuung eines Bienenvolks bei ca. 20 Stunden im Jahr. Die Zeit, die du vor allem am Anfang brauchst, um zu lesen und zu lernen, ist hier nicht berücksichtigt. Bienenhaltung funktioniert an jedem Standort und mit jedem Volk etwas anders. Du solltest Lust auf einen Lernprozess haben, der individuell ist und auf deinen eigenen Erfahrungen aufbaut.

VERMIETER*INNEN UND NACHBAR*INNEN

Rechtlich gesehen kannst du in Deutschland überall dort Bienen halten, wo andere Menschen (z. B. Nachbar*innen) auch Hunde oder Tauben halten dürfen. Es kann davon ausgegangen werden, dass Imkern auch in Städten ortsüblich ist und daher aus rechtlicher Sicht jede*r bis zu 6 Bienenvölker halten darf. Kurz gesagt: Bienenhaltung ist überall dort möglich, wo der Bebauungsplan sie nicht ausdrücklich verbietet. Um später keine Probleme zu bekommen, solltest du, bevor du mit der Bienenhaltung beginnst, deine Vermieter*innen und die umliegende Nachbarschaft über dein Vorhaben in Kenntnis setzen.

Vermieter*innen

- Um auf der sicheren Seite zu sein, solltest du deine*n Vermieter*in oder deine Hausverwaltung über dein Vorhaben informieren.
- Rechtliche Situation: Allgemein gilt, dass Bienen als Wildtiere keine Erwähnung in Mietverträgen finden. Die genaue rechtliche Situation ist daher eine Grauzone.
- Am Balkon: Die BienenBox kann wie ein außen hängender Blumenkasten behandelt werden. Je nach Bundesland bedarf diese Art der Anbringung der Zustimmung des Vermieters (im besten Fall schriftlich).

Nachbar*innen

- Wenn du direkte Nachbarn hast, solltest du sie über dein Vorhaben informieren. Um auf alle möglichen Fragen bzw. Zweifel deiner Nachbarn eine Antwort zu finden, kannst du dir auf der Website *bienenbox.de* ein Infoblatt für Nachbarn herunterladen, ausdrucken und z. B. im Treppenhaus aufhängen.
- Erfahrungsgemäß lassen sich die meisten Nachbarn durch ein wenig grundlegende Aufklärungsarbeit – z. B. über den Unterschied zwischen Wespen und Bienen – und die Aussicht auf ein Glas Honig freundlich stimmen.
- Rechtliche Situation: Im schlimmsten Fall könnten Auseinandersetzungen mit deiner Nachbarschaft vor dem örtlichen Amtsgericht enden. Vergangene Urteile haben gezeigt, dass die Rechtsprechung sich von Fall zu Fall/Region zu Region sehr unterscheidet. Solange jedoch von deinen Bienen keine wesentliche Beeinträchtigung für deine Nachbarn ausgeht, ist die Rechtslage sehr imkerzugewandt.

Bienenstand auf einem Dach in Berlin Mitte

CHECKLISTE FÜR BIENEN-HALTER*INNEN

— Standort für BienenBox finden
— Vermieter*innen- und Nachbarschaft informieren
— Imkerpate oder Imkerpatin suchen
— Imkerkurs belegen (Infos und Anmeldung: stadtbienen.org/imkerkurs)
— Imkerausrüstung besorgen
— BienenBox zusammenbauen
— BienenBox anbringen/aufstellen
— Bienenvolk besorgen
— Einzug der Bienen (spätestens Mitte Juli)
— Bienenvolk beim Veterinäramt (und der Tierseuchenkasse) melden
— Bienen bei Privathaftpflicht mitversichern

FRAGEN ÜBER FRAGEN

Ist Bienenhaltung gefährlich?

Nein, für viele Arbeiten mit der BienenBox benötigst du nicht einmal Schutzkleidung. Für die Anfangszeit empfiehlt es sich, beim Öffnen der Behausung einen Schleier zu tragen, um ruhig mit den Bienen arbeiten zu können. Wenn du etwas routinierter geworden bist, benötigst du ihn nicht mehr so oft.

Kann wirklich jede*r Bienen halten?

Ja, solange du motiviert bist und Lust hast, Verantwortung für die Bienen zu übernehmen. Wichtig ist, dass du dich auf die Thematik einlässt und dich schon im Vorfeld mit der Theorie auseinandersetzt. Die BienenBox ist so konstruiert, dass der Betreuungsaufwand auf ein Minimum reduziert ist. Im Imkerkurs von Stadtbienen lernst du alles, was du zum Start in die Bienenhaltung brauchst. Du kannst zeitgleich mit dem Kurs und der eigenen Bienenhaltung beginnen und wirst so optimal durch dein erstes Bienenjahr begleitet.

Werden meine Nachbar*innen gestört?

Nein, die Bienen sind weder laut, noch fliegen sie in die Wohnung deiner Nachbar*innen. Sie werden wahrscheinlich nicht einmal bemerken, dass du Bienen an deinem Balkon oder im Garten hältst. Um Ärger zu vermeiden, solltest du die BienenBox so aufstellen, dass deine Bienen vor dem Flugloch mindestens 5 Meter Platz für ihre Flugschneise haben. In diesem Bereich sollte kein Weg, kein Nachbarbalkon oder Nachbargrundstück liegen. Bienen sind sehr friedfertige und sanftmütige Lebewesen. Sie werden niemanden stören oder stechen, solange sie sich nicht unmittelbar bedroht fühlen.

Fliegen die Bienen in meine Wohnung?

Das ist sehr unwahrscheinlich. Bienen fliegen immer in Richtung Licht! Da es in deiner Wohnung dunkler als im Freien ist, kannst du das Fenster oder die Balkontür offen stehen lassen und normalerweise wird keine

Biene in deinen Wohnraum fliegen. Abends werden die Bienen ihre Behausung kaum verlassen, da sie sich bei Dunkelheit nicht orientieren können.

Welche Probleme können beim Imkern am Balkon auftreten?

— Am Balkon könnte die Fassade negativ beeinflusst werden, da die Bienen im Frühling ihre Kotblase entleeren.

— Nachbarn der darunterliegenden Wohnungen könnten sich über tote Bienen auf ihrem Balkon beschweren: Bienen, die auf natürliche Art im Bienenstock gestorben sind, werden vom Volk nach draußen befördert und könnten so bei den Nachbarn landen.

— In Einzelfällen kann es vorkommen, dass Bienen abends bei geöffnetem Fenster in den Wohnraum von Nachbarn

1. Bienen finden in der Stadt fast das ganze Jahr über Nahrung.

2. BienenBox am Balkon von unten fotografiert

fliegen, die sich dadurch gestört fühlen. Das kann passieren, wenn es in der Wohnung heller als draußen ist.

Kann ich meinen eigenen Balkon wie gewohnt nutzen?

Ja, die BienenBox hängt von außen wie ein Blumenkasten an deinem Balkon, dadurch geht kein Platz verloren. Die Bienen interessieren sich nicht dafür, was auf deinem Balkon passiert. Keine Biene wird dich beim Frühstück, Kuchenessen oder Late-Night-Dinner stören. Du solltest jedoch auf lange Grillnächte mit großer Rauchentwicklung verzichten.

Sind die Bienen laut auf meinem Balkon?

Nein, die Bienen werden für dich oder deine Nachbarn keine Geräuschbelästigung darstellen. Zur Mittagszeit kannst du im Sommer gelegentlich ein angenehmes Summen vernehmen, was jedoch mehr beruhigend als störend wirkt.

Ich habe Haustiere. Kann ich trotzdem Bienen halten?

Ja, die Erfahrung zeigt, dass sich z. B. Hunde und Katzen meist mit Bienen vertragen. Es kommt vor, dass sie Bienen hinterherjagen, versuchen, diese zu fangen und unter Umständen dabei gestochen werden. Dies ist in den meisten Fällen jedoch ungefährlich. Nur, wenn das Tier allergisch auf den Bienenstich reagiert, besteht eine Gefahr. Hunde und Katzen sind sehr lernfähig und passen meist ihr Verhalten nach negativen Erlebnissen an.

Soll ich in einen Imkerverein eintreten?

Ich empfehle dir in jedem Fall, dich mit Gleichgesinnten zu vernetzen. Der lokale Imkerverein könnte ein guter Anlaufpunkt für dich sein. Überlege dir, was du erwartest, wo du Kompromisse eingehen kannst und was deine No-Go's sind – und dann mach dir ein eigenes Bild! Imkervereine haben ein etwas staubiges Image, aber viele wurden schon von den Trends der letzten 15 Jahre positiv beeinflusst.

— Tendenziell wird in Imkervereinen mit Fokus auf Honigertrag geimkert.
— Oft halten die Mitglieder ein bestimmtes Beutensystem oder eine bestimmte Art und Weise der Haltung für richtig und weichen nicht gern davon ab.
— Offenheit gegenüber neueren (ökologischen) Konzepten, wie z. B. der BienenBox, ist tendenziell eher selten zu finden. Sie werden oft als „falsch" bzw. nicht kompatibel abgeschrieben.

BienenBox an einem Altbaubalkon in Berlin

Bienen halten bedeutet Verantwortung.

- Auch wenn viele Vereine eher konservativ eingestellt sind, gibt es dort sehr viel Wissen und Erfahrung im Umgang mit Bienen.
- Manche Vereine öffnen sich neueren Konzepten oder werden sogar neu gegründet, um modernere Ansätze zu verfolgen.
- Bei Eintritt in einen Imkerverein bekommst du direkt eine Bienenversicherung. Doch Bienenhaltung ist ebenfalls von den meisten Privathaftpflichtversicherungen abgedeckt; erkundige dich bei deinem Versicherungsanbieter!
- Der Imkerverein bietet dir Zugang zu einem großen Netzwerk aus lokalen Bienenhalter*innen.
- Über den Verein gibt es die Möglichkeit, an sein erstes Bienenvolk zu kommen.

Es lohnt sich, im Imkerverein in deiner Nähe vorbeizuschauen. Wir sprechen die Imkervereine mittlerweile aktiv an und haben bisher sehr positive Erfahrungen gemacht. Doch wenn du Kontakt aufnimmst, sei nicht überrascht, wenn gegen ökologische Konzepte oder die BienenBox argumentiert wird. Die Vorurteile sind oft groß. Lass dich nicht von deinem eigenen Weg abbringen, sei aber auch offen für die langjährigen praktischen Erfahrungen der Imker*innen, die du im Verein kennenlernen wirst! Von ihnen kannst du viel lernen.

Bestandteile der BienenBox

Die BienenBox wurde mit all ihren Bestandteilen auf die Bedürfnisse moderner Bienenhalter*innen zugeschnitten. Viele Teile können ausgetauscht werden, das schont Ressourcen und den Geldbeutel.

NATURWABENBAU

Die Bienen bauen alle ihre Waben im Naturwabenbau selbst. Die Waben sind ihr Skelett und integraler Bestandteil des Bienenvolks. Bei einer ökologisch-regenerativen Ausrichtung der Bienenhaltung liegt die Entscheidung für den Bau von Arbeiterinnen- bzw. Drohnenzellen beim Bienenvolk. Bauen die Bienen ihre Waben frisch, sind sie schneeweiß, erst mit der Zeit, durch das Bebrüten und Begehen, bekommen sie eine gelbe bis am Ende schwarze Färbung.

Das Sichtfenster ermöglicht Kindern und Erwachsenen tiefe Einblicke in das Bienenvolk.

Die Bienen beginnen an der vormontierten Schiffsrumpfleiste mit dem Wabenbau.

RÄHMCHEN

Die BienenBox wird mit 28 Kuntzsch hoch-Rähmchen als Bausatz ausgeliefert. Kuntzsch hoch ist ein standardisiertes Rähmchenmaß in der Imkerei. Besonders praktisch: Dieses kompakte Format ist sehr handlich und die Waben brechen seltener heraus als bei größeren Rähmchen. Gemäß unserem Konzept werden standardmäßig keine Drähte oder Mittelwände in den Rähmchen eingesetzt. Durch die sogenannten „Schiffsrumpfleisten" (oder Anfangsstreifen), die unter dem Oberträger der Rähmchen sitzen, bekommen die Bienen eine Orientierung, wo sie mit dem Wabenbau beginnen sollen. Die Schiffsrumpfleisten sind in den BienenBox-Rähmchen schon integriert, damit du sofort loslegen kannst.

MITTELWÄNDE

Mittelwände sind Wachsplatten, die vorgeprägte Zellen für die Arbeiterinnenbrut haben und in Rähmchen eingelötet werden. Eine Mittelwand beschleunigt den Wabenbau, was eine schnellere Entwicklung des Bienenvolks zur Folge haben kann. Sie ist aber auch ein Fremdkörper für die Bienen und nicht Teil ihres Organismus. Außerdem wird mit Einsetzen einer Mittelwand den Bienen nicht die Entscheidung überlassen, wie groß die Zellen sind, die sie bauen (z. B. um Arbeiterinnen- oder Drohnenbrut heranzuziehen). In der BienenBox wird vorzugsweise nicht mit Mittelwänden gearbeitet, außer man möchte die Honigernte erhöhen oder man ist gezwungen, die Bienenhaltung mit einem Ableger zu beginnen.

Untersuchung des BienenBox-Bodens

DER BODEN DER BIENENBOX

Der Boden dient dir als sogenannte „Gemüllwindel". Alles, was von den Waben fällt, landet auf dem Boden. So bekommst du wichtige Informationen über das Bienenvolk, die du durch Auslesen des Gemülls interpretieren kannst. Außerdem kannst du den Boden (z. B. an besonders heißen Tagen) ganz oder zum Teil herausziehen, um deine BienenBox von unten zu belüften. Je nach Jahreszeit und Standort solltest du beurteilen, ob du den Boden in der BienenBox öffnest oder geschlossen hältst.

Januar bis April

In diesem Zeitraum ist es außerhalb der BienenBox noch kalt und deine Bienen haben sich wieder ein kleines Brutnest angelegt, das sie beheizen müssen. Um sie dabei zu unterstützen, solltest du in diesem Zeitraum den Boden geschlossen halten.

Mai bis Dezember

In diesem Zeitraum kannst du je nach Standort und Wetterlage entscheiden, ob du den Boden in der BienenBox behältst oder nicht. An einem kühleren, schattigen, windigen bzw. zugigen Standort tut es gut, den Boden die ganze Zeit über in der

---

GEMÜLL ENTFERNEN

Wenn der Boden für eine längere Zeit in der BienenBox ist, solltest du regelmäßig das sich darauf ansammelnde Gemüll entfernen, ansonsten könnte hier ein attraktiver Ort für Wachsmotten oder Schimmel entstehen. Dafür nimmst du einfach kurz den Boden heraus, entfernst das Gemüll mit deinem Stockmeißel und wischst mit einem feuchten Lappen nach.

BienenBox zu belassen. Bei großer Hitze kannst du den Boden aus der BienenBox entfernen und deine Bienen haben es leichter, den Bienenstock zu kühlen.

Was lässt sich aus dem Gemüll lesen?

Varroamilbenbefall: Für die Varroabehandlung musst du den aktuellen Varroamilbenbefall in der BienenBox kennen. Dafür werden die einzelnen Milben auf dem Boden gezählt und ein Tagesdurchschnitt errechnet. Die ovalen und ca. 1 mm großen Milben auf dem Boden zu erkennen, erfordert ein wenig Übung. Je älter die Milben sind, desto dunkler werden sie. Mehr dazu findest du in den einzelnen Behandlungsbeschreibungen im Jahresablauf (siehe S. 81 f., 94 ff.).

Bruttätigkeit: Gerade im Frühling zeigt dir der Pollen auf deinem Boden, dass deine Bienen eine Königin haben, die Eier legt, und dass sich die Bienen um die heranwachsende Brut kümmern. Die Farbe des Pollens ist je nach Herkunft unterschiedlich gefärbt, z. B. ist die Winterlinde hellgelb und die Kastanie ziegelrot gefärbt. Untersuche den Boden der BienenBox, um herauszufinden, welche Blüten deine Bienen gerade besuchen.

Wabenbau: Beim Wabenbau landen kleine weiße Wachsplättchen auf dem Boden. Durch die Position der Wachsplättchen lässt sich der voranschreitende Bauprozess beobachten.

1. Varroamilbe
2. Pollen
3. Wachsplättchen

1

2

3

BASISWISSEN FÜR BIENENHALTER*INNEN

1

2

1. Das Jutetuch reduziert Stress bei den Bienen und verhindert, dass sie ihre Waben direkt am Deckel bauen.

2. Manchmal nagen die Bienen das Jutetuch an. Wenn die Löcher zu groß werden, solltest du es austauschen.

JUTETUCH

Das Jutetuch liegt zwischen Rähmchen und Deckel. Es dient einem möglichst stressarmen Umgang mit den Bienen.

— Wenn du die BienenBox besiedelst, kannst du das Jutetuch mit Reißnägeln am Rand der BienenBox befestigen.
— Wenn du die BienenBox öffnest, kannst du durch das Tuch bestimmen, wo Bienen über die Rähmchen hinauskrabbeln können. Das ist praktisch, wenn du aufliegende Bienen vermeiden willst und ohne Schutz (Schleier) arbeitest.
— Der Jutestoff verhindert, dass die Bienen ihre Waben direkt unter dem Deckel bauen.

Je nach Eigenschaft deiner Bienen kann es passieren, dass sie dein Jutetuch annagen. Mit Mehlkleister kannst du Abhilfe schaffen. Um Mehlkleister herzustellen, verrührst du einen Liter Wasser mit 5 Esslöffeln Weizen- oder Roggenmehl und eventuell etwas Stärke. Dieses Gemisch wird gekocht und dabei ständig gerührt. Der Kleister ist fertig, wenn aus dem Gemisch eine dicke, klebrige Masse geworden ist. Bestreiche das Jutetuch damit und die Bienen haben keine Lust mehr, es anzunagen.

TRENNSCHIED

Mit dem Trennschied kannst du dein Bienenvolk in der BienenBox leiten und an das Wachsen und Schrumpfen im Jahresverlauf anpassen. Das Trennschied hängt immer hinter dem letzten Rähmchen und schließt damit den Raum ab, den die Bienen bebauen können. Es erleichtert den Bienen, einen guten Wärmehaushalt in der Box zu führen, auch wenn diese nicht ganz befüllt ist. Dadurch haben es deine Bienen im Winter einfacher, ihre Temperatur zu halten, und im Sommer kannst du ihnen bei Bedarf mehr Raum zum Wachsen geben.

ABSPERRGITTER

Das Absperrgitter hindert deine Königin daran, in einen bestimmten Teil der Box zu gehen. Es ist in ein Trennschied montiert, das bienendicht zu allen Seiten mit der BienenBox abschließen sollte. Leckstellen, die sich eventuell durch Verzug der BienenBox ergeben, kannst du mit Schaumstoff verschließen. Das eingesetzte Gitter hat eine Maschenweite, die die Bienen durchlässt, jedoch die Königin nicht. Dadurch kannst du einen Raum in der BienenBox separieren, in dem die Königin keine Eier legen kann und somit auch keine Brut vorhanden ist.

> **Aus unserer Sicht sollte das Absperrgitter nur für das Aussortieren alter Waben benutzt werden.**

| 1 | 2 |

1. Das Trennschied schließt die BienenBox bienendicht ab.

2. Das Absperrgitter ist in ein Trennschied montiert.

Einsatz eines Absperrgitters

Honigernte: Die BienenBox hat eine längliche Form, die die Honigernte auch ohne Absperrgitter einfach macht. Wenn du möchtest, kannst du es aber nutzen, um den Raum zwischen Brut und Honig klar zu definieren. Du stellst damit auf der fluglochfernen Seite der Box einen Raum her, der ausschließlich zur Einlagerung von Honig genutzt werden kann. Damit steuerst du den Übergang zwischen Brutraum und Honigraum (und nicht das Bienenvolk selbst).

Alte Waben aussortieren: Mit dem Absperrgitter kannst du alte Waben aussortieren, die noch Brut enthalten. Hänge dazu einfach die entsprechenden Waben hinter das Absperrgitter im fluglochfernen Teil der Box. Die Arbeiterinnen erreichen die Waben noch, um weiter die Brut zu versorgen. Die Königin kommt jedoch nicht durch das Gitter, um neue Stifte zu legen. Spätestens nach 21 Tagen ist keine Brut mehr in der Wabe und du kannst sie problemlos aus der BienenBox herausnehmen.

Die Rähmchen kannst du jetzt z. B. in einen Sonnenwachsschmelzer legen. Aus dem puren Bienenwachs lassen sich tolle Kerzen gießen.

FLUGLOCH-VERKLEINERUNG

Honigbienen versuchen gegen Ende des Sommers, wenn die Natur nicht mehr so viel Nektar bietet, sich gegenseitig den Honig zu klauen. Zur selben Zeit sind Wespen auf Futtersuche und versuchen, Nektar und Brut aus dem Bienenstock zu holen.

Die Fluglochverkleinerung hat verschiedene Größen für verschiedene Zwecke.

1. **Das Bodengitter kann durch die Serviceklappe entfernt werden.**

2. **Der Klimadeckel reguliert die Luftfeuchtigkeit in der BienenBox.**

Mit einem kleineren Flugloch fällt es deinen Bienen leichter, ihre Behausung gegenüber Eindringlingen zu verteidigen. Die Fluglochverkleinerung hat hierfür eine größere Stellung, die standardmäßig eingesetzt wird, und eine kleinere Öffnung, die du einsetzen kannst, wenn Gefahr durch Wespen, andere Bienen oder die Asiatische Hornisse droht.

FUTTERTASCHE

Die Futtertasche aus PVC ist für die Zufütterung von Zuckerwasser gedacht. Gegenüber einem aufgeschnittenen Tetra Pak, der alternativ eingesetzt werden kann, passt sie wie ein Rähmchen in die BienenBox. Als Schwimmhilfen werden auch in die Futtertasche Korkenstücke gelegt.

KLIMADECKEL

Durch den hinterlüfteten Deckel kann Feuchtigkeit aus der Bienen-Box leicht nach außen abgetragen werden. Das beugt im Winter Schimmelbildung vor. Außerdem beschattet sich die Box durch diesen Deckel selbst und bietet den Bienen damit Schutz an heißen Sommertagen.

1. Lüftungsklappe

2. Die BienenBox mit hinterlüftetem Deckel, Sichtfenster, Serviceklappe und Standvorrichtung

LÜFTUNGSKLAPPE

Die Lüftungsklappe sorgt für eine gute Luftzirkulation in dem Bereich der BienenBox, der nicht von den Bienen bewohnt wird und damit anfälliger für Feuchtigkeit ist. Gerade am Jahresbeginn, wenn die Außentemperaturen noch niedrig sind und die Bienen schon brüten, kann sich Kondenswasser in der Box bilden. Entfernst du die Lüftungsklappe und öffnest den Bodenschieber im Bereich hinter dem Trennschied einen Spalt, kann die Luft zirkulieren und Kondenswasser abtrocknen. Damit beugst du Schimmelbildung in deiner BienenBox vor. Bei Hitze kannst du die Temperatur in deiner Box regulieren, wenn du Boden und Lüftungsklappe entfernst.

SERVICEKLAPPE

Es kann vorkommen, dass du den Gitterboden deiner BienenBox austauschen musst. Wenn er beschädigt ist, kannst du ihn als Ersatzteil nachbestellen. Solltest du deine Box einmal ausflammen müssen, um sie zu desinfizieren, solltest du den Gitterboden dafür entfernen. Das geht ganz leicht durch Abschrauben der Serviceklappe.

STANDVORRICHTUNG

Es ist nicht empfehlenswert, die BienenBox auf den Boden zu stellen. Aufziehende Nässe dringt in die Behausung und schafft ein feuchtes Beutenklima, das Schimmelbildung begünstigt. Honigbienen sind ursprünglich Waldbewohnerinnen,

Mit unserer handgemachten Spezialanfertigung kannst du deine BienenBox sicher am Balkon befestigen.

die in lebenden Baumstämmen in mehreren Metern Höhe nisten. Diese Bedingungen können die meisten Bienenhalter*innen aus praktischen Gründen nicht simulieren. Mit der Standvorrichtung hebst du deine BienenBox auf eine bequeme Arbeitshöhe, die dir ein entspanntes Händeln der Rähmchen ermöglicht. Auch im Rollstuhl sitzend kannst du mit der BienenBox arbeiten.

BALKONHALTERUNG

Für die Anbringung der BienenBox am Balkon gibt es eine Balkonhalterung in drei verschiedenen Varianten. Die Spezialanfertigung aus feuerverzinktem Stahl ist stabil und hält deine Box sicher an der Balkonbrüstung. Deine Balkonbrüstung sollte mindestens 1,10 m lang und darf bis zu 23 cm breit sein. Sie muss ein Gesamtgewicht von 80 kg tragen können.

SICHTFENSTER

Mit dem Sichtfenster kannst du einen Blick in die BienenBox werfen, ohne den Deckel öffnen zu müssen. Im Winter ist das besonders nützlich: Du kannst sichergehen, dass deine Bienen in der Wintertraube sitzen, ohne dabei den Wärmehaushalt des Bienenvolks stören zu müssen. Das Sichtfenster hat sich auch im Rahmen der Bildungsarbeit von Stadtbienen bewährt. Erwachsene und Kinder können sich gefahrlos hinter der Box aufhalten und in aller Ruhe die Bienen beobachten.

Zum Film: Die BienenBox

SONSTIGE AUSRÜSTUNG

Schleier und Handschuhe

Der Imkerschleier gibt dir eine gewisse Sicherheit und lässt dich ruhiger arbeiten. Machst du gerade deine ersten Schritte mit Bienen, rate ich dir, ihn zu tragen. Später wirst du gut einschätzen können, wann du ihn brauchst und wann du darauf verzichten kannst. Handschuhe mit langen Ärmeln geben dir ebenfalls die Sicherheit, ohne Stichgefahr in die Bienenbox zu greifen. Der Nachteil ist, dass du mit Handschuhen nicht so viel Feingefühl besitzt.

Smoker

Der Smoker kann sehr nützlich sein, wenn du die Anzahl an auffliegenden Bienen reduzieren möchtest. Gerade bei längeren Arbeiten (z. B. komplette Durchsicht jedes Rähmchens) bietet es sich an, den Smoker zu benutzen. Der Rauch veranlasst die Bienen, sich in die Wabengassen zurückzuziehen und Honig aufzunehmen. Während die Bienen mit Wichtigerem beschäftigt sind, kannst du ungehindert deine Arbeit verrichten. Für deinen Smoker gibt es spezielle Rauchkräuter, die es in jedem Imkerladen oder online zu kaufen gibt. Du kannst auch Kleintierstreu bzw. Holzspäne verwenden, um es kräftig rauchen zu lassen. Wenn dein Smoker einmal brennt, hält er sich für gewöhnlich eine Weile, ohne dass du ihn ständig betätigen musst. Allgemein solltest du mit

1. Smoker
2. Arbeit mit dem Stockmeißel
3. Imkerbesen
4. Alternative zum Imkerbesen: Feder

dem Rauch nicht übertreiben. Achte auf die Reaktion der Bienen, die sich nach ein paar Rauchstößen sehr schnell zurückziehen. Besser, du verwendest den Smoker immer nur dann, wenn die Bienen aus den Wabengassen hochkommen und auffliegen.

Stockmeißel

Dein ständiger Begleiter! Den Stockmeißel benötigst du, um die Rähmchen in der Box, die oft mit Propolis verkittet sind und dadurch aneinanderkleben, zu lösen. Du kannst damit das Gemüll auf der Windel abkratzen. Wenn du mehrere Bienenstände hast, solltest du aus hygienischen Gründen für jeden Stand einen eigenen Stockmeißel anschaffen. So verhinderst du die Ausbreitung von Krankheiten wie der hochansteckenden Amerikanischen Faulbrut.

Imkerbesen

Einen Imkerbesen benötigst du, wenn du Waben von Bienen befreien möchtest, z. B. bei der regelmäßigen Durchsicht. Vor allem bei der Honigernte, wenn du die Waben komplett aus der Box entfernst, müssen diese bienenfrei sein.

Feuchte den Besen etwas an, um leichter mit ihm arbeiten zu können! Dabei solltest du nicht zu grob hantieren, sondern die Bienen behutsam von der Wabe wegdrängen. Eine große Feder (klassischerweise von einer Gans) eignet sich als Alternative zum Imkerbesen.

3

4

Aufstellen der BienenBox

Bei der Suche nach einem geeigneten Standort für deine BienenBox gibt es einiges zu beachten. Du musst die Bedürfnisse der Bienen, aber auch deine eigenen Bedürfnisse berücksichtigen.

Die BienenBox wird mit einer Bauanleitung geliefert. Ausgerüstet mit Hammer, Zange und Akkuschrauber bzw. Kreuzschlitzschraubendreher, baust du das neue Zuhause deiner Bienen selbst zusammen. Dazu brauchst du keine Werkstatt oder besondere handwerkliche Fähigkeiten – nur ein wenig Geduld und am besten einen Helfer!

DER IDEALE STANDORT

Den perfekten Standort gibt es nicht. Es ist völlig in Ordnung, Kompromisse einzugehen.

Der ideale Standort für die Bienen
— 50 % Schatten und 50 % Sonne im Tagesverlauf. Bestenfalls scheint hier die Sonne morgens an die BienenBox und ab Mittag gibt es Schatten.
— Flugloch in Richtung Osten, zu einer wetterabgewandten Seite.
— Die BienenBox steht windgeschützt.
— Ausreichend Platz (mindestens 4 Meter) vor dem Flugloch.

Bienen sind anpassungsfähig und werden in ganz verschiedenen Umgebungen zurechtkommen. Eine Bienenhaltung funktioniert sowohl mit mehr Sonne auf dem Dach als auch mit viel Schatten im Wald. Vergiss nicht deine Bedürfnisse, die am Ende durch mehr Freude bei der Haltung auch deinen Bienen zugute kommt. Funktioniert ein Standort nicht, dann probiere im nächsten Jahr einen neuen aus!

Der ideale Standort für den/die Bienenhalter*in
— Nah am eigenen Wohnraum.
— Leicht und sicher zugänglich.
— Weit weg von Nachbarn, die nicht mit der Bienenhaltung einverstanden sein könnten.
— Guter Blick zum Flugloch, um die Bienen beobachten zu können.
— Ausreichend Platz hinter der BienenBox, um angenehm arbeiten zu können.
— Sicher gegen Vandalismus.
— Angenehme Arbeitshöhe, kein Bücken oder Strecken nötig.

BASISWISSEN FÜR BIENENHALTER*INNEN

1. Dachstandort
2. BienenBox im Schulgarten
3. Balkonanbringung

FINDEN MEINE BIENEN GENUG ZU ESSEN?

Bienen und Bienenhalter*innen freuen sich sehr über einen Standort, der viel Nahrung bietet. Gerade städtische Standorte sind durch die Vielfältigkeit und Großzügigkeit des Blütenangebots ein Paradies für Bienen. Wenn du deine Bienen im urbanen Raum ansiedelst, kannst du davon ausgehen, dass sie in ihrem Flugradius die ganze Saison lang genug Nahrung finden werden. Im ländlichen Raum lohnt es sich hingegen, die Umgebung vorher unter die Lupe zu nehmen.

Gerade wenn im inneren Flugradius (3 km) intensiv Landwirtschaft betrieben wird, die oft mit Monokultur und Pestizidbelastung einhergeht, lohnt es sich, andere Imker*innen im selben Flugradius nach ihrer Einschätzung der Nahrungssituation zu befragen. Eventuell kann es sein, dass du auf dem Land aufgrund des zu geringen Blütenangebots dazu gezwungen bist, mit deinen Bienen zu wandern bzw. sie zu füttern. Sprich wenn möglich mit Landwirt*innen in der Nähe, um herauszufinden, ob und welche Pestizide sie einsetzen. Du kannst sie auch bitten, dir Bescheid zu geben, wenn bienengefährliche Pestizide ausgebracht werden. Ein Dialog lohnt sich in jedem Fall (und stößt vielleicht sogar ein Umdenken bezüglich des Pestizideinsatzes an).

AUFSTELLEN IM GARTEN

Der Garten ist ein toller Standort für deine Bienen, vor allem wenn sie dort Obstbäume und andere bienenfreundliche Pflanzen finden. Stelle deine BienenBox so auf, dass vor dem Flugloch kein Durchgangsverkehr herrscht! Mit einer Hecke in 2 Metern Entfernung kannst du

3

die Flugbahn der Bienen nach oben leiten. Beachte, wenn möglich, die Ausrichtung des Fluglochs nach Osten!

AUFSTELLEN AUF DEM DACH

Wenn du die BienenBox auf einem Dach aufstellst, vergewissere dich unbedingt, dass dein Dach für die Belastung der BienenBox von max. 80 kg ausgelegt ist. Bei einem windigen Standort stelle eine Sicherheitsverbindung zwischen BienenBox und Bausubstanz her (z. B. per Drahtseil oder Kette). Da ein Dachstandort oft wenig Schatten bietet, solltest du vorhandenen Schatten bestmöglich nutzen. Stelle die BienenBox nicht am Rand des Dachs auf und bevorzuge windgeschützte Stellen wie z. B. hinter Schornsteinen.

ANBRINGEN AM BALKON

Für die Sicherheit der Box an deiner Balkonbrüstung bist du selbst verantwortlich. Bevor du die BienenBox anbringst, vergewissere dich unbedingt, dass deine Brüstung genug Stabilität für die max. 80 kg bietet. Stelle vor dem Anbringen der Box an der Brüstung sicher, dass sich niemand unterhalb deines Balkons befindet. Während des Anbringens sollte die Box zusätzlich gegen ein potenzielles Hinunterfallen gesichert werden (z. B. mit einem Seil oder Spanngurt). Alle Schrauben müssen fest angezogen und regelmäßig auf ihren festen Sitz überprüft werden. Das Flugloch sollte nicht direkt auf einen anderen Balkon gerichtet sein (5 Meter Platz für die Flugschneise!). Es kann sonst passieren, dass die Bienen ihre Flugbahn direkt über den Nachbarbalkon richten. Die Bienen fliegen grundsätzlich relativ gerade ins Flugloch ein und aus, solange sie Platz dafür haben.

Dein Bienenvolk zieht ein

Dein Bienenvolk kann auf unterschiedliche Arten und Wege zu dir kommen. Auch bei ihrem Einzug gibt es einige Dinge zu beachten. Ich verrate dir, wie der Start gelingt.

Die beste Zeit, mit der Bienenhaltung zu beginnen, ist Anfang Mai bis Ende Juni. Ein späterer Beginn ist nicht ratsam, da es für die Bienen immer schwieriger wird, ein starkes Volk aufzubauen, um über den Winter zu kommen.

WAS IST EIN SCHWARM?

Das Schwärmen ist die natürliche Art der Fortpflanzung. Die Bienen erschaffen sich eine neue Königin und die alte Königin zieht mit der Hälfte des Volks aus der Behausung aus. Diese Ansammlung in der Größenordnung von 5000 bis 10000 Bienen und einer Königin nennt man Schwarm. Dieser wird sich unweit von der alten Behausung niederlassen und dort nach einem neuen geeigneten Wohnraum Ausschau halten. Bevor die Bienen jedoch weiterziehen, fängt der Bienenhalter diesen Schwarm wieder ein und bringt ihn in eine temporäre Behausung. Diese kleine Behausung ist nur eine Zwischenstation für die Bienen, bevor sie in eine BienenBox eingebracht werden. Man unterscheidet zwei Typen von Schwärmen:

Naturschwarm

Ein Schwarm, der auf natürliche Art und Weise ohne Eingriff ins Bienenvolk entsteht. In einem Naturschwarm sind die Bienen sehr vital und bringen viel Energie mit, um ihre eigenen Naturwaben zu bauen. Er sollte immer die erste Wahl sein.

Kunstschwarm

Ein Schwarm, der künstlich gebildet wird. Die Entstehung des Kunstschwarms kann gegenüber dem Naturschwarm zeitlich bestimmt werden.

Naturschwarm im Baum

Die Imkerin kombiniert hierbei Bienen aus einer ihrer Boxen mit einer Königin und bringt diese Kombination in eine der temporären Behausungen. Da die Bienen nicht auf das Schwärmen eingestellt waren, sind sie nicht so vital wie bei einem Naturscharm. Ein Kunstschwarm bietet sich als Alternative an, wenn der Einzug zeitlich abgestimmt werden soll bzw. bis Anfang/Mitte Juni kein Naturschwarm zur Verfügung steht. Der Kunstschwarm sollte aus mind. 1,5–2 kg Bienen bestehen und bestenfalls eine begattete Königin enthalten.

— **Ohne begattete Königin:** Die Königin muss noch von Drohnen (außerhalb der BienenBox) begattet werden.
— **Mit begatteter Königin:** Die Königin muss nicht mehr aus dem Stock für ihren Hochzeitsflug, sondern ist sofort legefähig.

NATURSCHWARM

Ich rate dir, die Bienenhaltung in der BienenBox mit einem Naturschwarm zu beginnen. Dies ist die natürliche Form der Fortpflanzung und die Bienen bringen hierbei die meiste Energie mit.

WOHER BEKOMME ICH EINEN SCHWARM?

Da die Nachfrage meist größer als das Angebot ist, solltest du dich lieber früher als später um einen Schwarm kümmern. Am besten, du verfolgst gleich mehrere der folgenden Optionen parallel. Grundsätzlich ist es besser, deine Bienen aus der umliegenden Region zu besorgen. Längere Transporte bedeuten für die Bienen Stress und fördern, vor allem wenn sie als sogenannte „Paketbienen" aus Übersee stammen, den Austausch von Krankheiten. Für einen Schwarm kannst du mit Kosten von etwa 70–150 € rechnen.

Wenn du einen Schwarm besorgst, solltest du darauf achten, dass dieser nicht aus einem Faulbrutsperrbezirk heraus- bzw. hineingebracht wird. Das zuständige Veterinäramt kann dich über aktuelle Sperrbezirke informieren. Bei einem Kunstschwarm kannst du ein Gesundheitszeugnis verlangen, das dir bestätigt, dass das Muttervolk gesund ist.

1. Stadtbienen-Community

Jung-Imker*innen bietet der Imkerkurs von Stadtbienen einen mühelosen Zugang zu einem regionalen Bienen-Netzwerk. Deine Kursleiterin oder dein Kursleiter ist dein erster erfahrener, gut vernetzter Kontakt. Dieser unterstützt dich und die anderen Teilnehmenden bei der Schwarmsuche. Online kannst du in der Facebook-Gruppe von Stadtbienen Kontakte in deiner Region knüpfen, die dir zu deinem ersten Bienenschwarm verhelfen könnten.

2. Freunde und Bekannte

Wenn du dein Vorhaben im Freundes- oder Bekanntenkreis publik machst, kommt sicherlich der eine oder andere Kontakt zu einem Imker oder einer Imkerin zustande. Vielleicht entwickelt sich hieraus nicht nur eine gute Option auf einen Natur- bzw. Kunstschwarm, sondern auch eine Patenschaft.

3. Lokale Imker*innen und Imkervereine

Nimm Kontakt auf zu Imkervereinen oder Imker*innen in deiner Gegend! Die besten Chancen auf einen Kunstschwarm bzw. sogar einen Naturschwarm hast du bei ökologisch orientierten Imker*innen.

4. Schwarmbörse

Die Schwarmbörse ist eine Online-Datenbank des Mellifera e.V. zur Vermittlung von Schwärmen. Um sie zu nutzen, benötigst du ein Kundenkonto im Mellifera-Netzwerk. Auch das regelmäßige Überprüfen von Kleinanzeigen- und Nachbarschaftsplattformen kann sich lohnen. Hier gilt (wie immer im Internet): gesunden Menschenverstand benutzen!

5. Paketbienen

Kunstschwärme können sogar im Internet bestellt werden. Der Transport kann durch starke Erschütterungen den Bienen schaden und die Deplatzierung fördert die Verbreitung von Krankheiten. Wir möchten lokal angepasste Bienen halten, die keine langen Wege zurückgelegt haben. Ich rate dir deshalb von der Anschaffung auf diesem Weg ab.

Bienentransport per Fahrrad

Schwarm in einem Blumenkasten auf der Dachterrasse

EINZUG INS NEUE ZUHAUSE

Bei einem Naturschwarm

Der Schwarm wird in einer kleinen temporären Behausung transportiert. Die Behausung kann ein Karton oder eine spezielle Schwarmkiste sein, die gut belüftet aber bienendicht ist. Wenn der Naturschwarm am selben Tag eingefangen wurde, stellst du deine Bienen an einen Ort, der dunkel, leise und kühl ist. Deine Bienen trennen sich somit von ihrem alten Platz und bereiten sich auf ihren Einzug vor. Am nächsten Tag (abends) werden die Bienen wieder aus dieser sogenannten Kellerhaft befreit und in die BienenBox einlogiert. Die BienenBox sollte jetzt fest an ihrem Ort stehen bleiben, denn sobald die Bienen in der Behausung sind, werden sie bei einer Positionsänderung das Flugloch nicht mehr finden. Deine BienenBox sollte im Lot stehen, weil die Bienen ansonsten ihre Waben nicht zentral in den Rähmchen bauen.

Einlogieren eines Naturschwarms

1. Verschließe den Boden der BienenBox und das Flugloch mit einem Stück Klebeband, Schaumstoff oder der Fluglochverkleinerung. Hänge dann 16 leere Rähmchen in die BienenBox ein, die du auf der fluglochfernen Seite positionierst.
2. Halte die Schwarmkiste über den fluglochnahen Teil der Behausung, wo gerade keine Rähmchen hängen. Gib dort der Schwarmkiste einen kräftigen Ruck und die Bienentraube wird in die Behausung fallen.
3. Schiebe die 16 Rähmchen Richtung Flugloch. Falls die Bienenmasse auf dem Gitter

1. Frisch einlogierter Schwarm

2. Die 16 Rähmchen Richtung Fluglochseite schieben.

Die Schwarmkiste wird auf die Box gelegt.

der BienenBox zu groß ist, um die Rähmchen zu schieben, kannst du diese auch erneut auf der Fluglochseite einhängen und sie langsam in die Bienenmasse gleiten lassen. Das Rähmchenpaket schließt am Ende mit dem Trennschied ab. Wichtig ist, dass die Rähmchen dicht aneinanderliegen. Eventuell musst du die Bienenmasse, die auf dem Gitter liegt, ein wenig verteilen, um die Rähmchen positionieren zu können. Dafür kannst du einen kleinen Löffel zu Hilfe nehmen.

4. Lege den Jutestoff über die Rähmchen und verschließe die BienenBox mit dem Deckel. Mit einem feuchten Bienenbesen kannst du die auf dem Rand sitzenden Bienen vor dem Schließen entfernen.
5. Entferne gleich wieder das Klebeband bzw. die Fluglochverkleinerung und stelle danach die temporäre Bienenbehausung (Schwarmkiste) auf den Deckel der BienenBox. Die restlichen Bienen werden den anderen folgen und über das Flugloch zur Königin in das Innere der Box fliegen.

Was passiert jetzt in der BienenBox?

Die Bienen werden beginnen, ihren Raum in der Box zu erkunden und sich als Traube im oberen Bereich der Rähmchen sammeln. Nach einem Tag werden die Bienen eine feste Position in den Rähmchen haben. Öffne

|1 |2 |3

1. Der Bienensitz nach einem Tag

2. Nicht besetzte Rähmchen werden entfernt.

3. Abschließend wird das Trennschied eingesetzt.

4. Öffnen des Plastikverschlusses am Zusetzkäfig

5. Der Zusetzkäfig wird in die BienenBox eingesetzt.

deine BienenBox nach 24 Stunden, entferne das Jutetuch und du wirst sehen, dass die Bienen nur einen Teil der Rähmchen besetzen. Jetzt entfernst du alle Rähmchen, auf denen die Bienentraube nicht sitzt, und behältst bzw. schiebst das besetzte Rähmchenpaket auf die Seite des Fluglochs (abschließend bleibt das Trennschied).

Einlogieren eines Kunstschwarms?

Ein Kunstschwarm kommt zu dir mit einer separaten Königin, die meist in einem kleinen Käfig sitzt. Dieser ist verschlossen und hängt in bzw. an der Schwarmkiste. Bekommst du deinen Kunstschwarm nicht in ausreichender Größe von mindestens einem kg oder erst spät im Jahr nach Juni, dann benötigst du Mittelwände in den Rähmchen. Hierfür musst du die Rähmchen drahten und die Mittelwände einlöten. Die bevorzugte Herangehensweise ist ohne Mittelwand und geht wie folgt:

Schritt 1: Am Anfang verschließt du den Boden und dein Flugloch mit einem Stück Klebeband oder der Fluglochverkleinerung.

Schritt 2: Hänge dann die 10 Rähmchen in die BienenBox ein, die du auf der fluglochfernen Seite positionierst.

Schritt 3: Ist dein Zusetzkäfig in der Schwarmkiste positioniert, entferne diesen indem indem du die Kiste kurz auf den Boden aufschlagen lässt und sich infolge dessen der Schwarm vom Käfig löst. Dann heißt es schnell reagieren und den Käfig an der Schnur oder Draht aus der Schwarmkiste ziehen.

Schritt 4: Hänge den Königinnenkäfig mit einem Draht in die 3. Wabe (vom Flugloch aus gezählt).

Schritt 5: Öffne den Plastikverschluss am Käfig. Die Königin ist nach Öffnen dieses Verschlusses nicht unmittelbar frei. Die Bienen werden sich nach dem Einlogieren durch den Futterteigverschluss, der hinter dem Plastikverschluss kommt, durchfressen und somit die Königin befreien.

Schritt 6: Jetzt kannst du den Bienenschwarm auf der Seite des Fluglochs in die BienenBox einlogieren. Gib der Schwarmkiste einen kräftigen Ruck, damit die Bienentraube in die Behausung fällt.

Schritt 7: Nachdem die Bienentraube in die BienenBox gefallen ist, schieb die 10 Rähmchen Richtung Flugloch. Weiteres Vorgehen wie beim Einlogieren eines Naturschwarms. Nach ein paar Tagen öffnest du die Box und entfernst den Königinnenkäfig.

> **002**
> **Zum Film: Schwarm einlogieren**

4

5

003

Zum Film: Einlaufen der Bienen

Alternative zum Einschlagen: Bienen einlaufen lassen

Beim Einlaufen wird die Königin in einem kleinen Käfig in die BienenBox gehängt. Den Rest des Schwarms schlägst du mit einem kräftigen Ruck auf ein weißes Laken, mit dem du vorher eine Rampe Richtung Flugloch gebaut hast. Die Bienen folgen dem Geruch ihrer Königin und wandern Richtung Flugloch in die Behausung. Ich demonstriere das Einlaufen in einem anschaulichen Video, das du in der App finden kannst. Das Einlaufen ist eines der faszinierendsten Erlebnisse, die du mit den Bienen haben kannst!

Was passiert nun in der BienenBox?

Ein Teil der Bienen wird bei der Königin bleiben und mit dem Ausbau der künftigen Brutwaben beginnen; der andere Teil wird durch das Absperrgitter nach hinten gehen und sich um die dort befindliche Brut kümmern. Nach spätestens 21 Tagen ist die Ablegerbrut komplett geschlüpft und die leeren Brutwaben sowie das Absperrgitter können von dir entfernt werden. Vorhandene Futterwaben können noch eine Zeitlang in der BienenBox verbleiben. Sollte ein Futtermangel erkennbar sein, kannst du unter die Ablegerrähmchen noch eine Futterschale stellen.

1. Einlaufen der Bienen: ein Naturschauspiel

2. Naturschwarm bereit zum Einzug ins neue Zuhause

BEGINN MIT EINEM ABLEGER

Was ist ein Ableger und wie kommt er in die Box?

Mit einem Ableger kann durch einen Eingriff in ein bestehendes Bienenvolk ein neues geschaffen werden. Die Bienen kommen beim Ableger nicht als „nacktes" Volk zu dir, sondern bringen ihre Waben gleich mit. Diese Methode ist in der konventionellen Imkerei sehr beliebt. Ein Start über einen Ableger gilt für uns nicht als ökologisch-regenerativ und die Umsetzung gestaltet sich meist schwieriger als mit einem Schwarm. Das liegt in erster Linie an deinem BienenBox-Rähmchenmaß. Außerdem hat ein Naturschwarm tendenziell eine größere Baumotivation. Ein Brutableger enthält normalerweise

— zwei oder drei Brutwaben (mit aufsitzenden Bienen),
— zwei Futterwaben (mit abgelagertem Honig),
— eventuell eine Leerwabe, die mit Wasser bestäubt wird.

Diese Kombination an Waben wird in einem kleinen Kasten (Ablegerkasten) zwischengelagert und zu deinem Standort gebracht. Wenn dein befreundeter Imker ein anderes Rähmchenmaß als das BienenBox-Maß Kuntzsch hoch hat, ist die Ablegerbildung nicht auf herkömmlichem Weg möglich, sondern kann mit folgenden Herangehensweisen realisiert werden. Du gibst ein paar Rähmchen mit Mittelwänden einem befreundeten Imker und dieser hängt sie in seine eigene Behausung. Dort werden die Bienen anfangen, die Waben auszubauen und ihre Brut abzulegen.

Ein Ableger kann ...

— eine Königin enthalten: In diesem Fall können deine Bienen gleich loslegen.
— keine Königin enthalten: In diesem Fall müssen sich deine Bienen noch eine neue Königin nachziehen. Dadurch dauert es länger, bis die Königin bereit ist, Eier zu legen.

Idealerweise bekommst du einen Ableger mit einer anhängenden Weiselzelle, die kurz vor der Verdeckelung steht. In diesem Fall würde das Rähmchen aus einem schwarmbereiten Volk stammen, mit einer Königin, die noch nicht geschlüpft ist.

> **TIPP**
>
> Dein Ableger braucht ein Gesundheitszeugnis, das bestätigt, dass er frei von meldepflichtigen Krankheiten ist.

Die ersten Tage mit den Bienen

In den ersten Tagen mit deinen neuen Mitbewohnerinnen willst du ihnen einen guten Start im neuen Zuhause bereiten. Wichtig ist, dass du sie jetzt gut beobachtest und schnell eingreifst, wenn die Situation es fordert.

Die Bienen werden ihre neue Umgebung auskundschaften und beginnen, ihre Waben zu bauen. In den ersten Tagen wirst du dich vielleicht wundern, wie unkoordiniert die Bienen um die Bienenbox fliegen. Das ist völlig normal! Sie müssen sich erst einmal orientieren und untersuchen alle erdenklichen Ecken. Gib deinen Bienen ein paar Tage Zeit, bis sie sich eingeflogen und wieder beruhigt haben. Solltest du den Eindruck haben, dass die Nachbarschaft sich durch die umherfliegenden Bienen gestört fühlen könnte, suche das Gespräch! Erkläre geduldig, dass die Bienen aktuell die Gegend auskundschaften, sich die Aktivität jedoch nach ein paar Tagen reduzieren wird. Die Bienen werden eine relativ geordnete Flugschneise bilden. Indem du die BienenBox tendenziell in Ruhe lässt, gönnst du deinen Bienen ein wenig Zeit, damit sie sich von ihrer Anstrengung erholen können.

ANMELDUNG BEIM VETERINÄRAMT

Da du jetzt ein Bienenvolk besitzt, musst du dich beim zuständigen Veterinäramt melden. Hier wird der Standort deines Bienenvolks registriert, und du gibst an, woher du es bekommen hast. Die Eintragung beim zuständigen Veterinäramt ist verpflichtend und in der Regel kostenfrei. In einigen Bundesländern bist du außerdem verpflichtet, deine Bienen bei der Tierseuchenkasse anzumelden.

Das Veterinäramt sorgt dafür, dass sich gefährliche bzw. meldepflichtige Bienenkrankheiten wie z. B. die Amerikanische Faulbrut nicht unkontrolliert ausbreiten können, indem sie die betroffenen Bienenhalter*innen zeitnah informieren, beraten und gegebenenfalls Sperrbezirke einrichten. Auch bist du im Verdachtsfall dazu verpflichtet, dich beim zuständigen Veterinäramt oder Amtstierarzt zu melden.

ZUFÜTTERN

Sobald deine Bienen in die BienenBox einlogiert sind, beginnen sie mit dem Wabenbau. Um ihnen einen kontinuierlichen Futterstrom zu bieten, stellst du nach 2 Tagen in den hinteren Raum (hinter das Trennschied) eine Zuckerlösung. Wenn es nicht regnet und die Bienen ausfliegen können, werden sie die Zuckerlösung wahrscheinlich nicht anrühren, was aber nicht schlimm ist. Wir wollen ihnen lediglich in den ersten 3 Wochen einen guten Start garantieren. Auch wenn es viel regnet, brauchen sie nicht mehr als 2 Liter Zuckerlösung/Woche. Besonders bei Kunstschwärmen und Schwärmen, die spät im Bienenjahr (ab Mitte Juni) angefallen sind, ist eine Zufütterung sehr wichtig!

1. **Futtertasche aus Holz.** Inzwischen gibt es für die BienenBox ein Modell aus Kunststoff, das leichter zu reinigen ist.

2. **Zufütterung inklusive Steighilfen im Tetra Pak**

Die richtige Vorgehensweise

Die Zuckerlösung füllst du in eine Futtertasche, die du zwischen das letzte Rähmchen und dem Trennschied in die BienenBox hängst. Auf einer Seite der Futtertasche ist ein halbrunder Ausschnitt zu erkennen, der in Richtung Flugloch zeigen muss. Alternativ kannst du die Zuckerlösung in ein Behältnis füllen, das hinter das Trennschied in die BienenBox passt. Dafür kannst du einen kleinen Eimer oder ein aufgeschnittenes Tetra Pak verwenden und auf zwei Holzleisten stellen (damit der Gitterboden nicht belastet wird). Bei allen Methoden werden in die Lösung abgeschnittene Korkstücke oder Stroh gelegt, die für die Bienen Steighilfen bilden, damit sie nicht ertrinken. Wenn deine Bienen Hunger haben, werden sie unter dem Trennschied hindurchkrabbeln und auf der anderen Seite das Zuckerwasser aufnehmen.

Achtung: Das Jutetuch darf bei der Variante mit dem Tetra Pak nicht zwischen Trennschied und Futterbehältnis sein, denn die Bienen krabbeln unter dem Trennschied hindurch und nehmen auf der anderen Seite das Zuckerwasser auf. Der Jutestoff wird deshalb mit Reißzwecken oben am Holzrand befestigt oder über das Behältnis gespannt. Hast du einen späten Schwarm (ab Mitte Juli) einlogiert, kann dieser im selben Jahr nicht mehr genug Nektar für die eigene Überwinterung sammeln. In diesem Fall musst du sofort beginnen, deine Bienen aufzufüttern, damit sie bis Ende August 15 kg Honigvorräte einlagern können.

ZUCKERLÖSUNG

Die Zuckerlösung besteht aus einem Gewichtsteil Zucker und einem Gewichtsteil Wasser. 1 Liter Wasser wird demnach mit 1 kg Zucker vermischt. Mit lauwarmem Wasser löst sich der Zucker besser auf.

Achtung: Nicht zu heißes oder kochendes Wasser benutzen (Gefahr von Hydroxymethylfurfural!).

Besser vertragen die Bienen ihre Zuckerlösung, wenn du 10 % eigenen Honig hinzufügst. Benutze ausschließlich eigenen bzw. Honig von einem Imker deines Vertrauens. Honig (z. B. aus dem Supermarkt) kann Faulbrutsporen enthalten, die eine meldepflichtige Bienenseuche, die Amerikanische Faulbrut, hervorrufen können.

1. Ein guter Zeitpunkt für mehr Rähmchen
2. Rähmchen dazuhängen

RÄHMCHEN DAZUHÄNGEN

Wenn das Bienenvolk anfängt, die Rähmchen mit Waben zu füllen, arbeitet es sich langsam Richtung Trennschied vor. Ist es dort angekommen und das letzte Rähmchen wurde über die Hälfte ausgebaut, müssen neue Rähmchen dazugehängt werden. Ein neues Rähmchen wird jeweils am Anfang und am Ende dazugehängt (siehe die gelben Pfeile in der Abbildung 2). Dafür muss nicht jedes einzelne Rähmchen bewegt werden, sondern es kann auch der ganze Rähmchenblock von links nach rechts geschoben werden.

Das solltest du beachten

— Wenn du Rähmchen dazuhängst, sollten sie immer ganz dicht aneinandergereiht sein.
— Es ist wichtig, dass die Waben in derselben Flucht wie das Rähmchen gebaut werden. Wenn du schon früh erkennen kannst, dass es einen Versatz gibt, kannst du die Waben vorsichtig in die richtige Position drücken (z. B. mit deinem Stockmeißel).

Regelmäßige Kontrolle

Gerade in der Anfangsbauphase (die ersten drei Monate) lohnt es sich, ab und zu in die BienenBox zu schauen. So kannst du den Ausbau der Waben und den damit verbundenen Rähmchenbedarf kontrollieren. Wie oft sich ein Blick in die BienenBox lohnt, hängt von der Entwicklung deiner Bienen und dem damit verbundenen Wabenausbau ab, der sukzessive immer mehr Platz verlangt.

Gut zu wissen

Indem du den Boden deiner BienenBox kontrollierst, kannst du den Bauprozess begleiten, ohne den Deckel zu öffnen. Beim Wabenbau landen kleine weiße Wachsplättchen auf dem Boden der BienenBox. An diesen kannst du erkennen, wo die Bienen gerade ihre Waben bauen und wie viele Rähmchen schon von ihnen besetzt sind.

WEISELRICHTIGKEIT PRÜFEN

Weiselrichtigkeit besteht, wenn eine Königin (Weisel) in deinem Bienenvolk lebt und befruchtete Eier legt. Es kann passieren, dass deine Königin abhanden kommt und dein Volk ohne sie in der Box ist. Meist hat das einen der folgenden vier Gründe:

1. Die Königin war nie Teil des Schwarms, weil sie beim Schwarmfang nicht mit eingefangen wurde.
2. Du hast eine unbegattete Königin (z. B. aus einem Nachschwarm), die in den ersten Tagen auf ihrem Hochzeitsflug (bei dem sie sich von Drohnen begatten lässt) verloren geht. Die Wahrscheinlichkeit für ein Verlorengehen der Königin liegt bei ca. 25 %.
3. Die Königin wird von den Arbeiterbienen umgebracht, weil sie von ihnen nicht akzeptiert wird.
4. Die Königin stirbt irgendwo beim Transport oder beim Einlogieren.

Sicher kannst du erst von einer Weiselrichtigkeit ausgehen, wenn du die ersten Stifte in den Waben bzw. verdeckelte Brut siehst. Voraussetzung dafür ist, dass deine Bienen überhaupt schon Waben gebaut haben. Das kann auch bei gutem Wetter bis zu drei Wochen dauern. Um die Stifte zu erkennen, musst du die Wabe gegen das Licht halten.

Stifte in den Wabenzellen

Schlupf einer Arbeiterin

Drohnenbrütiges Volk

Wenn dein ganzes Volk ausschließlich aus Drohnen besteht, ist dies ein sicheres Zeichen dafür, dass deine Bienen keine Königin besitzen. In dieser Situation legen nämlich die Arbeiterinnen selbst Eier in die Wabenzellen. Da die Arbeiterinnen jedoch (nicht wie die Königin) ausschließlich unbefruchtete Eier legen können, entstehen auch nur männliche Bienen (Drohnen). Ein solches Volk wird als drohnenbrütig bezeichnet. Wenn dein Volk drohnenbrütig sein sollte, gibt es leider wenig Hoffnung. Du bist gezwungen, nach einem neuen Schwarm Ausschau zu halten, der frisch in die BienenBox einlogiert werden muss. Für den neuen Schwarm sollte die BienenBox jedoch wieder leer sein. Dein drohnenbrütiges Volk kann sich, nachdem du das neue Volk einlogiert hast, von außen einbetteln.

PROBLEME UND LÖSUNGEN

1. Die Bienen sind einen Tag nach dem Einlogieren alle auf der anderen Seite des Trennschieds.
In diesem Fall haben die Bienen schlechte Voraussetzungen für ihren Start und müssen unbedingt auf die andere Seite gebracht werden. Wahrscheinlich haben sie am Deckel ihr Wabenwerk gebaut und hängen dort als Traube. Du musst die Rähmchen auf die gegenüberliegende Seite vom Flugloch schieben und die Bienen nochmals mit dem Besen und durch Abschütteln ganz dicht an der Fluglochseite einlogieren. Entferne danach das Wabenwerk am Deckel, lege das Jutetuch darüber und verschließe ihn. Jetzt solltest du deine Bienen auf jeden Fall zufüttern.

2. Die Bienen bauen in den Rähmchen, aber auch unter dem Deckel.
Du hast wahrscheinlich zu spät neue Rähmchen dazugehängt und die Bienen hatten deshalb zu wenig Platz. Fege die Bienen ab, die unter dem Deckel sitzen. Am besten legst du den Deckel so hin, dass du die Bienen gleich auf die Rähmchen fegen kannst. Danach entfernst du das Wabenwerk unten am Deckel und setzt neue Rähmchen dazu.

3. Die Bienen bauen ihre Waben versetzt zu den Rähmchen.
Ein kleiner Versatz zu den Rähmchen ist nicht weiter schlimm und solange du keine Probleme beim Herausziehen der Rähmchen bekommst, musst du nichts ändern. In der Anfangsphase hast du jedoch noch die Möglichkeit, die Waben wieder behutsam mit dem Stockmeißel in die richtige Position zu drücken. Der Versatz kann entstehen, wenn die BienenBox nicht im Lot steht (kontrolliere nochmals mit der Wasserwaage!) oder wenn die Rähmchen nicht direkt aneinander anliegen. Um einen weiteren Versatz zu unterbinden, solltest du jeweils nur noch ein Rähmchen dazusetzen, öfter kontrollieren und wenn nötig rechtzeitig die Waben wieder in die richtige Position drücken. Hänge ein neues Rähmchen nicht am Ende dazu, sondern zwischen zwei Rähmchen, die gerade Waben haben, vorausgesetzt diese sind nicht im Brutnest angesiedelt. Wenn du starken Wabenversatz hast, solltest du die betroffenen Rähmchen zum richtigen Zeitpunkt entfernen.

Zur Honigernte: Hier werden die Waben sowieso aus deiner BienenBox entfernt und zu Mus verarbeitet (siehe ab S. 135).

Zur Frühjahrsdurchsicht: Hier können die Waben, die zu diesem Zeitpunkt (Anfang April) nicht von Bienen besetzt sind und keine Brut beinhalten, leicht entfernt werden. Du kannst dafür wieder leere Rähmchen dazuhängen.

Versatz der Waben

Weitere nützliche Hinweise

Bevor wir uns dem konkreten Jahresablauf mit deinen Schützlingen widmen, möchte ich dir noch ein paar Ratschläge zum Umgang mit der BienenBox und den Bienen auf den Weg geben.

VERHALTEN AN DER BIENENBOX

Ruhe und Achtsamkeit sind das oberste Gebot im Umgang mit BienenBox und Bienen. Mache langsame, behutsame Bewegungen. Trage deine Schutzkleidung, wenn sie dir hilft, ruhiger zu arbeiten. Dunkle Kleidung erinnert deine Bienen an einen Bären und kann bedrohlich wirken.

Die Schutzausrüstung gibt Sicherheit.

Möchtest du keine Imkerbluse anschaffen, tut es auch ein heller, dicker Pullover, der schmutzig werden darf. Auf Parfum oder Alkoholgeruch haben deine Bienen keine Lust! Die Stimmung deiner Bienen kann zu bestimmten Jahreszeiten und sogar im Tagesverlauf stark schwanken. Mit ein wenig Erfahrung wirst du relativ schnell ein Gefühl dafür bekommen, wie die Stimmung ist und ob ein größerer Eingriff besser auf einen späteren Zeitpunkt verschoben werden sollte.

DURCHSICHT

Es ist wichtig, die verschiedenen Erscheinungsformen einer Wabe lesen zu können und zu verstehen, was auf dieser aktuell passiert. Bei einer allgemeinen Durchsicht der BienenBox gehst du die Rähmchen nacheinander durch und schaust dir die Wabenoberflächen an. Wichtig ist, dass du das Bienenvolk als zusammenhängenden Organismus betrachtest.

WEITERE NÜTZLICHE HINWEISE

Wie du am besten vorgehst

Die einzelnen Rähmchen sind von den Bienen meistens mit Propolis verkittet. Am leichtesten fängst du fluglochfern auf der Seite des Trennschieds an, die einzelnen Rähmchen mit Hilfe des Stockmeißels voneinander zu lösen. Achte darauf, dass du jedes Rähmchen wieder an seine ursprüngliche Position und Richtung in die BienenBox hängst. Wenn du Rähmchen überspringen möchtest, kannst du gleich mehrere zusammen verschieben.

Was gibt es zu sehen?

Je nach Jahreszeit und Position des Rähmchens gibt dir die darin enthaltene Wabe einen anderen Schnitt durch das Bienenvolk. Hier ist ein Beispiel (Anfang September) mit zwei Positionen der Rähmchen.
Rähmchen auf Position 3 (Futterwabe): Diese Wabe ist komplett gefüllt mit verdeckelten Honigzellen.

1. Futterwabe (Position 3)
2. Randwabe (Position 4)

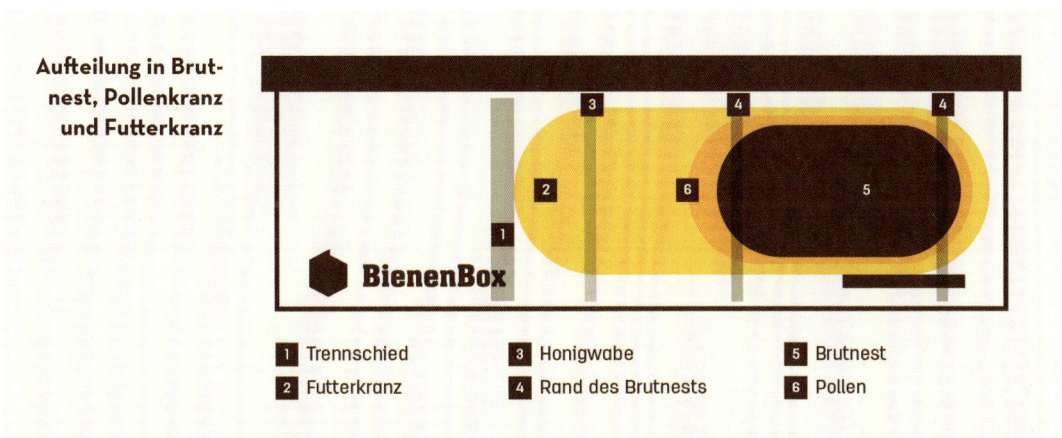

Aufteilung in Brutnest, Pollenkranz und Futterkranz

1. Trennschied
2. Futterkranz
3. Honigwabe
4. Rand des Brutnests
5. Brutnest
6. Pollen

BASISWISSEN FÜR BIENENHALTER*INNEN

Rähmchen auf Position 4 (Randwabe): Diese Wabe hat in der Mitte das kreisrunde Brutnest; im nächsten Kreis den abgelagerten Pollen, der von den Bienen zur Aufzucht der Brut gebraucht wird, und im äußersten Kranz das Futter, das im oberen Bereich des Rähmchens zu finden ist.

Die verschiedenen Zellen

Die Wabenzellen können für verschiedene Zwecke genutzt werden. Je nach Jahreszeit und Entwicklungsstand der Bienen, kann nacheinander in derselben Zelle Brut, Nektar oder Pollen abgelagert werden.

— Verdeckelte Brutzelle (Arbeiterin)
Eine verdeckelte Brutzelle lässt sich gut an den gespannten Zelldeckeln erkennen.

— Verdeckelte Honig- bzw. Futterzelle
Verdeckelte Honig- bzw. Futterzellen erkennst du am Deckel, der gegenüber dem Brutdeckel nicht gespannt, sondern schrumpelig ist.

— Offene Brutzelle (Arbeiterin)
In einer offenen Brutzelle befindet sich je nach Entwicklungsstand ein Stift bzw. eine Made im Futtersaft.

— Brutzelle (Drohn)
Eine verdeckelte Drohnenbrutzelle ist größer als eine Arbeiterinnenbrutzelle und lässt sich leicht durch eine auffällige, nach außen auftretende Wölbung erkennen.

— Unverdeckelte Honig- bzw. Futterzelle
In einer noch nicht verdeckelten Honig- bzw. Futterzelle schimmert der Nektar am Zellboden.

— Pollenzelle
Pollenzellen werden nicht von den Bienen verdeckelt. Der verschiedenfarbige Pollen liegt offen in den Zellen.

1. **Verdeckelte Brutzelle (Arbeiterin)**
2. **Verdeckelte Honig- bzw. Futterzelle**
3. **Offene Brutzelle (Arbeiterin)**
4. **Verdeckelte Brutzelle (Drohn)**
5. **Unverdeckelte Honig bzw. Futterzelle**
6. **Pollenzelle**

BIENENTRÄNKE

Wasser gehört neben Nektar und Pollen zu den wichtigsten Nährstoffen der Bienen. Wenn du keine natürlichen Wasservorkommen in deiner Nähe hast, solltest du eine Trinkmöglichkeit für deine Bienen arrangieren. Dafür kannst du z. B. in eine Schale ein paar Steine oder Kies legen und diese regelmäßig mit Wasser auffüllen. Schwimmhilfen aus Korken und Zweigen verhindern, dass die Bienen ertrinken. Relativ schnell wirst du merken, ob die Bienen deine Tränke annehmen oder bessere Quellen gefunden haben.

Nützliche Tipps für die Tränke

— Die Bienentränke sollte ab Frühjahr in Betrieb genommen werden. (Gerade zu dieser Zeit und vor allem ab Ende Februar benötigen deine Bienen viel Wasser.)
— Es sollte ständig sauberes Wasser in der Tränke sein.
— Stelle die Tränke an einem sonnigen und windarmen Platz auf.
— Stelle die Tränke außerhalb des Abflugbereichs auf. Dort koten die Bienen im Frühjahr und könnten so das Wasser verunreinigen.

POSITIONSÄNDERUNG ODER UMZUG

Ist dein Bienenvolk in die BienenBox eingezogen, solltest du die Position der Box nicht ohne dringenden Grund verändern. Auch wenn du die BienenBox nur ein paar Meter verschiebst, finden die Bienen ihren Eingang u. U. nicht mehr und schwirren an der alten Stelle im Kreis.

Manchmal reicht ein Blick ins Sichtfenster.

Eine Bienentränke kannst du ganz einfach selber bauen.

So gelingt der Umzug

Bei einem Umzug oder einer Deplatzierung kannst du am Abend, wenn alle Bienen zu Hause sind, das Flugloch verschließen und mit den Bienen in der Box problemlos auf Reisen gehen.

Wenn die neue Position der BienenBox in einem Umkreis von 5 km der alten Position liegt, kann es sein, dass du deine aktuellen Flugbienen verlierst, weil sie an die alte Stelle zurückfliegen, sobald du an der neuen Position das Flugloch öffnest. Da die Bienen im Winter nie ihre Umgebung gesehen haben, bietet sich ein Umzug der BienenBox nach der Winterzeit (ab Februar) an.

VERSICHERUNGEN

Wer eine Versicherungen abschließen möchte, kann die Bienenhaltung seiner Haftpflichtversicherung melden und klären, ob sie diese kostenfrei mitversichert. Falls nicht, kann entweder die Haftpflichtversicherung aufgestockt oder eine spezielle Zusatzversicherung abgeschlossen werden. Diese Zusatzversicherungen decken meist den Sachwert der Bienenbehausung sowie des Bienenvolks ab.

GESUNDHEITSZEUGNIS

Wenn deine Bienen umziehen und du dabei den Landkreis bzw. Bezirk wechselst, brauchst du für sie ein Gesundheitszeugnis vom zuständigen Veterinäramt, bei dem du dich zuvor angemeldet hast.

Krankheiten und Gefahren

Nachhaltig Bienen halten heißt, sich mit den möglichen Krankheiten und deren Erkennung auseinanderzusetzen und Wissen fachgerecht anwenden zu können.

Vor allem im städtischen Raum verbreiten sich Krankheiten aufgrund der vergleichsweise hohen Bienendichte schnell. Allgemein solltest du auf folgende Punkte achten:

— Sobald du bebrütete Waben von deinem Standort an einen anderen Ort bringst, solltest du dir immer sicher sein, dass deine Bienen gesund sind. Vor allem wenn du mit diesem Wabenwerk deine Bezirksgrenzen verlässt, musst du ein aktuelles Gesundheitszeugnis vorweisen können. Eine Betriebsweise, bei der keine bebrüteten Waben für die Vermehrung von Bienenvölkern eingesetzt werden, bietet sich daher an. Bei einer solchen Betriebsweise arbeitet man mit Schwärmen, die keine Gefahr für die Übertragung von Brutkrankheiten darstellen.
— Auch an deinem eigenen Standort solltest du darauf achten, dass dein Volk gesund ist, wenn du von diesem Waben in ein anderes Volk hängst. Jegliches Tauschen deiner Waben unter den Völkern birgt die Gefahr, dass sich Krankheiten übertragen.
— Wenn du an mehreren Standorten unterwegs bist, solltest du für jeden einzelnen Standort Handschuhe und Stockmeißel anschaffen.
— Regelmäßige Kontrollen deiner Waben und Fluglochbeobachtungen geben dir frühzeitig Warnsignale.
— Du solltest auf die Wabenhygiene achten und sukzessive alle dunklen Waben (nach 3–4 Jahren) aus dem Stock entfernen.
— Gib deinen Bienen keinen fremden Honig! Bei Honig aus dem Ausland besteht die Gefahr, dass Faulbrutsporen enthalten sind. Diese Sporen können dein Bienenvolk mit der Amerikanischen Faulbrut (siehe S. 82) infizieren – eine meldepflichtige und potenziell tödliche Bienenseuche.

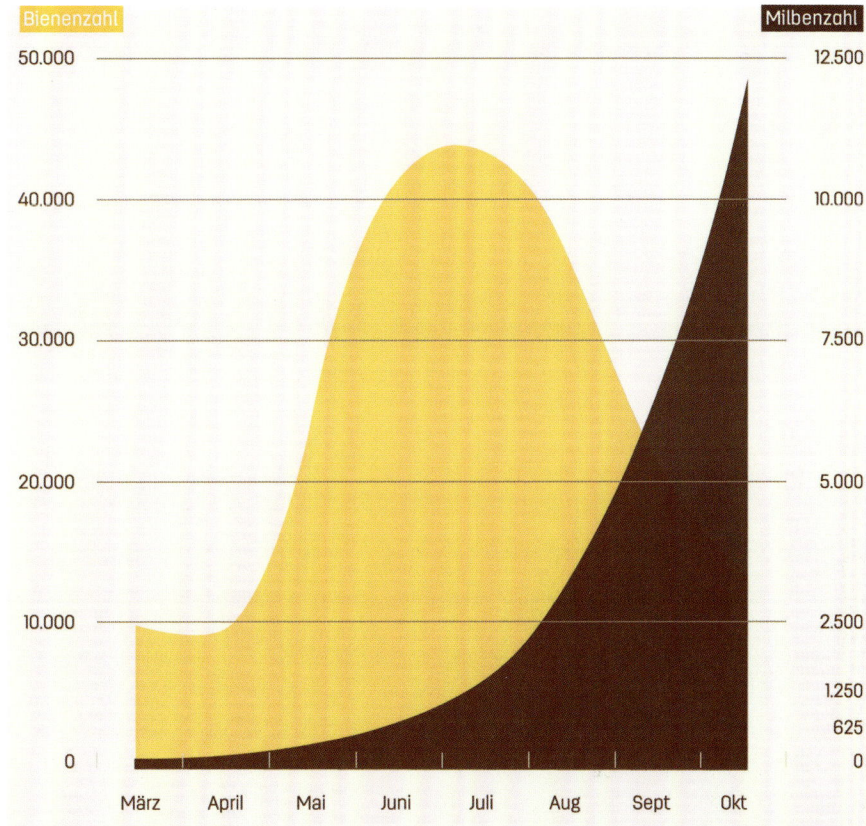

Korrelation der Volks- und Varroapopulation bei einem Bienenvolk, das keine Brutpause durch Schwarmabgang hatte.

VARROAMILBE

Dieser Parasit ist ein Blutsauger, der sich auf die Unterseite bzw. den Rücken der Honigbiene setzt und sich dort durch den Chitinpanzer der Biene festbeißt. An diesen Einbissstellen können Viren eindringen, die z. B. beim Flügeldeformationsvirus eine Verkrüppelung der Flügel hervorrufen, durch die die Bienen flugunfähig werden. Jahrzehntelang nahm man an, dass der Parasit die blutähnliche Hämolymphe der Bienen saugt. Bienenforscher Dr. Samuel Ramsey konnte hingegen im Jahr 2019 nachweisen, dass die Varroa sich vom Fettkörper der Bienen ernährt. Der Fettkörper erfüllt für sie lebenswichtige Funktionen, ähnlich denen der Leber des Menschen. Die Varroamilbe kommt ursprünglich aus dem südostasiatischen Raum, wo sie auf eine Honigbienenart (*Apis cerana*) trifft, die über Millionen Jahre die Möglichkeit hatte, gute Taktiken zu entwickeln, sich gegen diese Milbe zu wehren. In Deutschland ist die Milbe in den 1970er-Jahren angekommen und seitdem in jedem Bienenvolk zu finden. Da die heimische Honigbiene (anders als ihre asiatische Verwandte *Apis cerana*) nie Zeit hatte, eigene Taktiken zu entwickeln, ist sie jetzt auf menschliche Betreuung angewiesen

Verantwortung des Bienenhalters

Den Varroabefall deiner Bienenvölker unter Kontrolle zu behalten, ist eine deiner wichtigsten Aufgaben als Bienenhalter*in. Die Varroamilbenzahl hängt vom Entwicklungszyklus der Bienen ab. Die Milben benötigen verschlossene Brutzellen, um sich fortpflanzen zu können. Wie in der Grafik veranschaulicht (S. 81), steigt die Zahl der Milben über die Sommermonate rasant an. Während der Brutphase ist alle drei Wochen eine Verdopplung der Milbenzahl zu beobachten. Kontrolliere regelmäßig den Boden deiner BienenBox oder nutze die Puderzuckermethode, um den Befall zu überwachen. Ab S. 94 lernst du, mit welchen Verfahren du deine Bienen gegen die Varroamilbe behandeln kannst.

AMERIKANISCHE FAULBRUT

Diese Brutkrankheit ist eine der schwersten Erkrankungen für deine Bienen. Wichtig ist zu wissen, dass jeglicher Verdacht auf diese Krankheit beim Veterinäramt anzeigepflichtig ist. Der Erreger der AFB ist ein sporenbildendes Bakterium, das Bienenlarven befällt. Über die Sporen kann sich der Erreger relativ leicht durch Transport von Waben bzw. Honig ausbreiten.

Durch die Gefahr der raschen Ausbreitung ist es verboten, in Gebiete, in denen diese Krankheit herrscht, Waben ein- bzw. auszuführen. In diesen sogenannten Sperrbezirken müssen alle Bienenvölker auf die AFB-Sporen kontrolliert und für gesund befunden werden, bevor wieder eine Freigabe stattfindet.

Prävention

Faulbrutsporen verbreiten sich meist durch den Transport von Waben oder Bienen. Du kannst die Ausbreitung unterbinden, indem du Folgendes beachtest:
- Bienen nicht als Ableger, sondern als Natur- oder Kunstschwarm besorgen.
- Separates Zubehör (Stockmeißel, Handschuhe) für jeden einzelnen Bienenstand.
- Deplatzieren/Wandern mit den Bienen vermeiden (oder nur mit Wanderzeugnis).
- Futterkranzprobe vor der Verlegung von Bienenvölkern, um sicher zu sein, dass du keine Faulbrutsporen hast.

Amerikanische Faulbrut erkennen

- Es lassen sich stehen gebliebene Brutzellen entdecken, die in Bereichen junger Brut zu finden sind.
- Betroffene Brutzellen sind löchrig oder der Zelldeckel ist eingesunken.

1

1. Streichholzprobe

Öffne eine der stehengebliebenen Zellen mit einer Pinzette. Wenn du dahinter keine Made findest, sondern nur Luft, sollte dies ein erstes Warnzeichen für dich sein. Mache in diesem Fall die sogenannte Streichholzprobe, indem du ein Streichholz bis an den Zellboden einstichst. Wenn sich beim Herausziehen ein milchkaffeefarbener, fadenziehender Schleim bildet, ist die Wahrscheinlichkeit hoch, dass dein Bienenvolk von der Amerikanischen Faulbrut betroffen ist. Beim leisesten Verdacht musst du dich beim Amtstierarzt melden, der weitere Schritte einleiten wird. Es wird ein Faulbrutsperrbezirk eingerichtet, der die Ausbreitung unterbindet.

2. Futterkranzprobe

Die Bienenseuche kann mit Hilfe der Futterkranzprobe sicher nachgewiesen werden.

Du benötigst:
- einen Tiefkühlbeutel
- einen wasserfesten Stift
- einen sauberen Löffel, ein Messer
- ein leeres Honigglas

Schritt 1: Beschrifte den Tiefkühlbeutel (mit Standort, Name, Anzahl an beprobten Bienenvölkern und deiner Registriernummer beim Veterinäramt)!

Schritt 2: Stülpe den Beutel wie bei einem Mülleimer über das Honigglas. (So kannst du den Beutel leichter mit Honig befüllen.)

Schritt 3: Löse mit dem Löffel oder Messer mind. 50 g Honig (1–2 Esslöffel pro Volk) aus dem Futterkranz nahe des Brutnests heraus. Wenn deine Bienen aktuell keine Brut haben, dann möglichst nahe am ehemaligen Brutnest. Wenn du mehrere Völker hast, kannst du eine Sammelprobe von bis zu 6 Völkern (jeweils mit ca. 50 g Honig) durchführen. Die Sammelprobe kommt in denselben Beutel.

Schritt 4: Nachdem du den Beutel mit Honig gefüllt hast, kannst du ihn aus dem Glas ziehen und zuknoten. Falls dein Beutel klebrig ist oder du sichergehen willst, kannst du ihn in einen zweiten Beutel stecken.

Schritt 5: Schicke den Beutel mit einem formlosen Anschreiben an die nächstliegende Untersuchungsstelle. Am besten, du rufst das zuständige Veterinäramt bzw. einen lokalen Imkerverein an und informierst dich, wohin die Sendung gehen soll. Im Schreiben solltest du nochmals deinen Namen, Wohnort und Registriernummer angeben sowie den Zweck der Probe: „Bitte um eine Untersuchung der Faulbrutsporen". Je nach Region kostet die Untersuchung zwischen 10 und 90 Euro.

1. Kranz ausschneiden und in einen Beutel geben,
2. Beutel zuknoten,
3. Wabe wieder zurück ins Volk stellen.

Auffällige Kotstreifen weisen auf eine Durchfallerkrankung hin.

DURCHFALLERKRANKUNGEN

Bei Durchfallerkrankungen der Bienen handelt es sich meist um Nosematose oder Ruhr. Sie haben ähnliche Symptome, aber unterschiedliche Ursachen und Verläufe.

Nosematose

Eine ansteckende Darmerkrankung, die durch Nosemasporen ausgelöst wird. Auch wenn die Sporen latent immer im Volk vorhanden sind, kann es gerade im Frühjahr durch eine Häufung ungünstiger Faktoren zu einer Vermehrung der Erreger in der Darmwand der Bienen kommen. Gelbe Kotstreifen innerhalb und außerhalb der BienenBox weisen auf eine Nosematose hin. Befallene Bienen sind häufig flugunfähig, wirken apathisch und sterben in oder in der Nähe der Behausung.

Ruhr

Eine nicht ansteckende Darmerkrankung der Bienen, die in der Zeit der Auswinterung auftritt. Meistens wird sie ausgelöst durch eine wetterbedingte Verhinderung des Reinigungsflugs, durch Störung der Winterruhe oder ungeeignetes Winterfutter. Betroffen sind nur die Winterbienen, die im Laufe des Frühjahrs sterben und durch die Sommerbienen ersetzt werden.

Durchfallerkrankungen unterscheiden

Für beide Erkrankungen ist Bienenkot auf dem Fluglochbrett und an Innen- und Außenwänden der BienenBox charakteristisch. Nosematose und Ruhr lassen sich nur durch eine Laboranalyse sicher unterscheiden. Du kannst aber auch selbst Hand anlegen: Ziehe mit Daumen und Zeigefinger den Stachelapparat aus dem Hinterleib einer toten Biene! Der Inhalt des daran hängenden Enddarms ist bei einer gesunden Arbeiterin gelblich bis hellbraun, bei einer von Nosema befallenen dagegen milchig-weiß. Diese Methode liefert dir eine Tendenz, ob Nosematose vorliegen könnte.

Prävention

Für deine BienenBox solltest du einen nicht zu feuchten, schattigen oder zugigen Standort wählen. Ein trockener, relativ windstiller Standort mit einer Mischung aus Sonne und Schatten bietet deinem Bienenvolk ideale Voraussetzungen, sich optimal zu entwickeln und widerstandsfähig gegen Krankheiten und Gefahren zu sein. Sie sollten in der Nähe ausreichend Nektar und Pollen finden und möglichst wenig mit Pestiziden in Berührung kommen. Die BienenBox solltest du ausreichend belüften und in der kalten Jahreszeit die Winterruhe der Bienen nicht stören. Wenn du zufütterst, halte dich an die Anleitung und bringe kein verunreinigtes Futter ins Bienenvolk.

Stockhygiene ist entscheidend

Es kann durchaus sein, dass deine Bienen bei einem akuten Befall schon zu starken Totenfall erlitten haben, um noch überlebensfähig zu sein. Da es bei Durchfallerkrankungen keine Medikamente für eine Behandlung gibt, ist jetzt die Hygiene in der BienenBox von großer Bedeutung. Du solltest verschmutzte Waben und tote Bienen entfernen und die Behausung mit 60-prozentiger Essigsäure desinfizieren.

Tote Bienen solltest du aus dem Stock entfernen.

DIE ASIATISCHE HORNISSE

Die Asiatische Hornisse (*Vespa velutina*) ist eine invasive Art auf ihrem Siegeszug durch Europa. 2014 wurde sie zum ersten Mal in Deutschland gesichtet und breitet sich Richtung Norden aus. Inzwischen ist sie zur realen Gefahr für unsere Honigbienenvölker geworden und wir müssen lernen, mit ihr umzugehen.

Merkmale der invasiven Art

Die Asiatische Hornisse ist schwarzbraun gefärbt und mit etwa 2,4 cm Länge ein bisschen kleiner als unsere heimische Art. Sie nistet vorzugsweise in den Baumkronen von Laubbäumen in der Nähe von Gewässern. Ihre Brut ernährt sie mit tierischem Protein, wobei die Honigbiene 80 Prozent ihres Speiseplans ausmacht!

Angriff einer Asiatischen Hornisse

Asiatische Hornissen lauern vor dem Bienenstock auf Arbeiterbienen.

Für Menschen ist die Asiatische Hornisse nicht gefährlicher als die heimische Hornisse. Da sie als invasiv gilt, ist sie (anders als unsere heimische) keine geschützte Art.

Eine ernste Bedrohung für Honigbienen

Du kannst die Asiatische Hornisse einzeln oder in Gruppen in der Nähe des Fluglochs deiner BienenBox beobachten. Sie attackiert die Arbeiterbienen im Flug und fliegt sich dabei regelrecht auf benachbarte Bienenstände ein. Die Bienen haben kaum eine Chance, sich gegen die übermächtigen Angreiferinnen zu wehren. Durch den Verlust an Flugbienen kann es zu Versorgungsengpässen kommen, der im schlimmsten Fall zum Tod deines Bienenvolks führt.

Ein Kampf mit allen Mitteln?

Bienenhalter*innen in anderen Ländern beweisen Kreativität im Kampf gegen die Hornisse. Es werden Flaschenfallen aufgestellt, Nester aus Baumkronen geschossen und Angreiferinnen mit Federballschlägern abgewehrt. Wer es weniger brachial bevorzugt, kann mit einem Fluglochkamm (mit Durchgängen von höchstens 6 mm) den Bienen die Verteidigung erleichtern. Dafür eignet sich an deiner BienenBox die kleinste Öffnung der Fluglochverkleinerung. Wenn du die Asiatische Hornisse an deinem Bienenstand entdeckst, solltest du eine Meldung auf velutina.de machen! Es wird eine Beseitigung des Nests veranlasst, durch die im nächsten Jahr sehr viele Folgenester verhindert werden können.

Wespe am Bienenstock

RÄUBEREI

Räuberei kommt vermehrt im Herbst vor, wenn das Blütenangebot langsam zur Neige geht. Andere Bienen oder Wespen versuchen dann, besonders bei jungen und schwachen Völkern, an die gesammelten Honigvorräte oder die Brut zu kommen und diese zu klauen. Räuberinnen werden häufig durch an der Außenseite der Behausung klebenden Honig oder Zuckerwasser angelockt. Arbeite deshalb im Spätsommer und Herbst besonders sauber und entferne solche Kleckse sofort!

Räuberei erkennen

Ein sehr reger Flugverkehr und Kämpfe am Flugloch deuten auf Räuberei hin. Die Bienen purzeln förmlich aus dem Flugloch heraus. Die meisten Bienen sind im Honigraum der BienenBox (also an der fluglochabgewandten Seite) bei der Aufnahme von Honig zu finden. Andere verteidigen außerhalb und in der BienenBox aktiv die Brut und Nahrung. Auf dem Boden deiner BienenBox kannst du jetzt Wachsreste finden, die beim Öffnen der Zellen herunterfallen.

> **TIPP**
> Um keine Räuberbienen anzulocken, solltest du Honigreste um die BienenBox vermeiden.

Prävention

Um es den Räuberinnen so schwer wie möglich zu machen, solltest du ab Mitte August die Fluglochverkleinerung einsetzen. Das Flugloch kann dann von deinen Bienen besser gegen Eindringlinge bewacht werden. Der Einsatz der Fluglochverkleinerung sollte bei heißem Wetter mit starkem Flugverkehr jedoch besser vermieden werden. Solltest du deine Bienen mit Zuckerwasser füttern müssen, mach das am besten kurz vor Sonnenuntergang, weil dann weniger Wespen unterwegs sind.

Was tun, wenn deine Bienen ausgeraubt werden?

So schnell wie möglich die Fluglochverkleinerung an das Flugloch anbringen. Die Fluglochverkleinerung bestenfalls mit der kleinsten Öffnung einsetzen, sodass nur eine Biene auf einmal die Behausung betreten oder verlassen kann. Zusätzlich kannst du Rauch oder Wasser aus einer Sprühflasche am Flugloch verteilen. Mit Gras und kleinen Zweigen vorm Flugloch machst du es Eindringlingen zusätzlich schwer.

Im schlimmsten Fall musst du dein Volk für einige Tage an einen anderen Platz bringen. Wenn dir der Raubzug nicht auffällt, ist es möglich, dass deine Bienen komplett ausgeäubert werden und nicht überleben können.

OHRWURM- ODER AMEISENBEFALL

Es kann passieren, dass Ohrwürmer oder Ameisen vom Boden über die Standvorrichtung in die BienenBox finden. Für die Bienen stellen diese Insekten keine Gefahr dar. Sie tragen allerdings gern tote Varroamilben weg, was dir die Bestimmung des Varroabefalls erschwert.

Zwei einfache Tricks:
— Bestreiche den Boden deiner BienenBox mit Pflanzenöl! Die Ameisen haben mit dem Öl keine Chance, die Milben abzutransportieren.
— Bringe Leimringe an den vier Füßen der BienenBox an! Diese Ringe hindern die Ameisen daran, an den Füßen hochzulaufen. Je nach Witterung musst du sie nach einer gewissen Zeit austauschen.

ARBEITEN IM JAHRESVERLAUF

Bienen im Jahresverlauf

Die Entwicklung des Biens orientiert sich am Verlauf der Jahreszeiten. Sie bestimmen auch, welche Tätigkeiten du ausführen und wie viel Zeit du in die Bienenpflege investieren musst.

FRÜHLING (MÄRZ BIS JUNI)

Zu Beginn des Frühlings erwacht der Bien aus seiner Winterruhe und die Winterbienen, die seit sechs Monaten im Dunkel der BienenBox saßen, fliegen nun zum ersten Mal hinaus und sehen die Welt außerhalb der Box. Bei diesem ersten Flug (Reinigungsflug), der bei Temperaturen über 9 Grad möglich wird, entleeren die Winterbienen endlich ihre Kotblasen, die sie innerhalb der Box nicht leeren konnten. Im Lauf des Frühlings bekommt der Bien durch das erhöhte Blütenangebot einen schnellen und starken Entwicklungsschub. Durch die hohe Legeleistung der Königin, mit bis zu 2 000 Eiern am Tag, schwillt das Volk innerhalb kürzester Zeit an. Dafür müssen die Arbeiterinnen immer mehr neue Waben bauen. Jetzt beginnt das Volk, Drohnen heranzuziehen, die später die Königinnen anderer Völker beim Hochzeitsflug begatten werden. Hat die Entwicklung ihren Höhepunkt erreicht und die Bienen merken, dass sie stark und gesund sind, sammeln sie die Kraft, sich fortzupflanzen. Dafür ziehen sie eine neue Königin heran. Die alte Königin verlässt eines Tages mit etwa der Hälfte aller Bienen ihren Stock. Nachdem die neue Königin sich von mehreren Drohnen anderer Bienenstöcke befruchten lassen hat, kann sie befruchtete Eier legen und dadurch das Überleben aller sichern.

SOMMER (JULI BIS SEPTEMBER)

Im Sommer bereitet sich der Bien schon auf seinen nächsten Winter vor. Die Legeleistung der Königin nimmt ab und das Brutnest, das zur Schwarmzeit durch die hohe Legeleistung stark angewachsen

1. Im Frühjahr gibt es besonders viel zu tun.
2. BienenBox im Winter

ist, wird wieder kleiner. Dadurch werden Wabenzellen frei. Die Bienen sind jetzt viel damit beschäftigt, Nektar in den Stock zu tragen und die freien Zellen mit Honig zu füllen. Die Drohnen, die noch im Stock sind, werden nicht mehr benötigt und von den Arbeiterinnen aus diesem gedrängt.

HERBST (OKTOBER BIS NOVEMBER)

Der Bien wird immer ruhiger und die Anzahl der Individuen im Stock ist zurückgegangen. Wenn es die Temperaturen zulassen, zeigen sich die Bienen hin und wieder außerhalb des Fluglochs. In kälteren Nächten müssen sie ihr verbliebenes Brutnest auf 35 Grad halten, um aus dieser Brut die letzten Winterbienen heranzuziehen. Sie müssen das Volk (und vor allem die Königin) durch den Winter bringen.

WINTER (DEZEMBER BIS FEBRUAR)

Je stärker die Temperaturen fallen, desto enger müssen die Bienen zusammenrücken. Der Bien bildet eine Traube, die je nach Temperatur mehr oder weniger eng sitzt. In der Mitte dieser Traube verharrt die Königin, die den wärmsten Platz hat. Damit die am Rand der Traube sitzenden Bienen nicht verklammen, befindet sich die ganze Traube in Rotation. Jede Biene sitzt mal außen, mal innen. Je nach Witterungsbedingungen stellt die Königin in einem Zeitfenster von einigen Wochen ihre Bruttätigkeit ein und das Volk wird komplett brutfrei. Die Bienen sind nun in einer Winterruhe, in der sie bemüht sind, durch minimale Anstrengung auch nur ein Minimum von ihrem eingelagerten Honigvorrat zu verbrauchen.

Einige Gedanken zur Varroabehandlung

―

Seit den 1970er Jahren hält die Varroamilbe in Mitteleuropa Honigbienen und Imker*innen auf Trab. Befallsbestimmung und Bekämpfung begleiten dich durch das gesamte Bienenjahr.

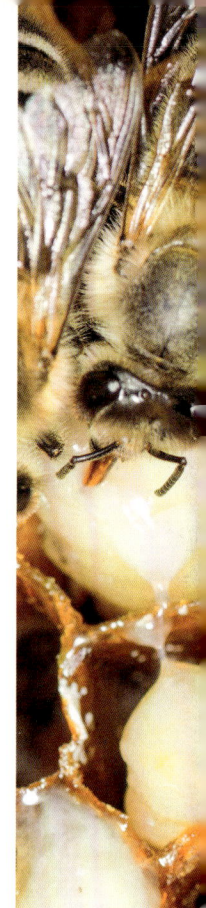

Die Varroamilbe ist ein winziges Spinnentier, das sich in der Brut deiner Bienen vermehrt und im gesamten Volk großen Schaden anrichten kann (Siehe S. 81). Es ist deshalb unbedingt notwendig, dass du verschiedene Methoden kennst, um den Befall deiner Bienenvölker zu überwachen und sie den Bedingungen entsprechend zu behandeln. Ich gebe dir in diesem Buch ein paar Werkzeuge an die Hand, die für Einsteiger*innen geeignet sind. Es gibt noch mehr Möglichkeiten, gegen den Parasiten vorzugehen – alle haben ihre Vor- und Nachteile.

EINSATZ ORGANISCHER SÄUREN

In der Regel ist im Sommer und im Winter jeweils eine Behandlung notwendig. Falls diese nicht zur gewünschten Reduktion der Milbenpopulation in deiner BienenBox führen, musst du mehrere Behandlungen durchführen. Möchte man mit Säuren arbeiten, sind in gemäß unserer Philosophie ausschließlich organische für die Behandlung erlaubt, also jene Säuren, die so auch in der Natur vorkommen. Sie werden in hohen Konzentrationen in der Box versprüht, verdampft oder verdunstet.

Varroamilbe in einer Brutzelle

Die Behandlung mit Säuren hat Nachteile. Sie stresst das Bienenvolk und verändert Biorhythmus und Beutenklima, egal wie gut die Witterungsbedingungen sind und wie exakt du arbeitest. Die benötigte Dosis für die erfolgreiche Behandlung ist in den letzten Jahrzehnten stetig gestiegen. Studien legen nahe, dass wir versehentlich immer resistentere Varroamilben züchten: Bei der Säurebehandlung überleben die stärksten Milben und pflanzen sich weiter fort. Viele Bienenhalter*innen suchen deshalb nach alternativen Methoden, um der Varroa an den Kragen zu gehen.

BIOTECHNISCHE MASSNAHMEN

Sogenannte biotechnische Maßnahmen sind eine Möglichkeit, die Milbenzahl zu reduzieren und dabei wenig, milde oder keine Säure einzusetzen. Einige von diesen Techniken sind nicht einfach in der Handhabung, weshalb ich dir die Anwendung nicht in deinem ersten Bienenjahr empfehle. Innerhalb des Jahresverlaufs beschreibe ich neben den Standardbehandlungsmethoden mit Ameisensäure und Oxalsäure ein biotechnisches Verfahren. Es werden immer neue Techniken entwickelt und es kann sich lohnen, wenn du dich regelmäßig informierst.

Varroabehandlung im Sommer

Die Behandlung mit Ameisensäure ist eine etablierte Möglichkeit, gegen die Varroamilbe vorzugehen. Diese Methode eignet sich gut für Einsteiger*innen. Mit dem neuen Verdunsterrähmchen für die BienenBox ist die Durchführung jetzt noch einfacher!

Es gibt verschiedene Arten, dein Bienenvolk von Varroamilben zu befreien. Für den Einstieg empfehle ich dir im Sommer die Behandlung mit Ameisensäure.

Ziel der Behandlung ist es, die Varroamilbenpopulation so stark zu reduzieren, dass sie die neue Winterbienenbrut so wenig wie möglich belastet. Die Winterbienen bringen das Volk durch die kalte Jahreszeit. Um diese Aufgabe zu meistern, müssen sie gesund und widerstandsfähig sein. Wichtig ist, die Behandlung erst nach der Honigernte durchzuführen, da sonst dein Honig nicht mehr verkehrsfähig ist.

BEFALL BESTIMMEN

Boden-Methode

Eine Möglichkeit ist die Untersuchung des Bodens der BienenBox. Säubere den Boden (auch „Varroaboden" oder „Gemüllwindel" genannt) gründlich, bevor du ihn wieder in die BienenBox einsetzt. Lass mindestens drei Tage vergehen, bevor du ihn wieder entnimmst und gründlich untersuchst. Zähle alle toten Varroamilben, die auf dem Boden gelandet sind! Dazu hat es sich bewährt, eine Lupe zu Hilfe zu nehmen, denn die Milben sind sehr klein. Dividiere schließlich die Milbenzahl durch

Varroabefall ermitteln mit der Puderzuckermethode

die Anzahl der Messtage, um herauszufinden, wie viele Milben pro Tag auf dem Boden gelandet sind. Eine Behandlung sollte bei mehr als 5 Milben/Tag durchgeführt werden. Auch wenn du einen geringeren Befallsgrad als 5 Milben am Tag beobachtest, solltest du gerade bei kleineren Völkern die weitere Entwicklung gut im Auge behalten und bei steigendem Befall gegen Milben behandeln.

Halte nach Ameisenstraßen Ausschau! Ameisen tragen an bodennahen Standorten manchmal die Milben weg und verfälschen dadurch das Messergebnis. Falls du Probleme mit Ameisen haben solltest, kannst du vor deiner Messung mit einem Pinsel oder mit der Hand eine Schicht Speiseöl auf den Varroaboden auftragen.

Puderzuckermethode

Die Puderzuckermethode ist ein alternativer Weg der Befallsbestimmung. Dabei erhebst du eine Stichprobe von lebenden Varroamilben, indem du sie mit einem speziellen Becher und etwas Puderzucker direkt von den Bienen herunter schüttelst. Im Internet findest du ausführliche Anleitungen und Videos dazu. Die Methode gilt als etwas genauer als die Bodenuntersuchung, ist aber auch aufwendiger in der Durchführung.

1. Ameisensäure ist ätzend. Trage deshalb bei der Varroabehandlung immer deine Schutzausrüstung!

2. Rundstab mit austauschbarem Vlies im Verdunsterrähmchen

AMEISENSÄURE-BEHANDLUNG

Speziell für die BienenBox wurde ein Verdunsterrähmchen entwickelt, das eine platzsparende und effektive Behandlung mit Ameisensäure ermöglicht. Du kannst es direkt im Onlineshop unseres Vertriebspartners erwerben. Das übrige Zubehör findest du im Imkereifachhandel.

Zur Behandlung benötigst du:
— Verdunsterrähmchen für die BienenBox
— 60-prozentige Ameisensäure
— Nassenheider Verdunster Universal H
— Schutzausrüstung (Handschuhe und Brille)

Schritt 1:
Vorbereitungen treffen

Die richtigen Witterungsbedingungen sind entscheidend für eine erfolgreiche Varroabehandlung. Ideal ist ein milder, trockener Tag – Kälte, große Hitze und hohe Luftfeuchtigkeit können sich negativ auf den Behandlungserfolg auswirken. Im Internet findest du, wenn du das entsprechende Stichwort in einer Suchmaschine eingibst, das aktuelle „Varroawetter" an deinem Standort.

— Ameisensäure ist ätzend! Trage deshalb während der gesamten Behandlung passende Handschuhe und eine Schutzbrille!
— Für die Behandlung sollte der Boden in die BienenBox eingeschoben, die Lüftungsklappe geschlossen, und die Fluglochverkleinerung nicht montiert sein.
— Das Vlies im Verdunsterrähmchen lässt sich mit einem Rundstab (8 mm) im Oberträger wechseln. Hierzu ziehst du den Rundstab seitlich heraus, legst das neue Vlies um den Stab und drückst es danach wieder in die V-Nut.

Schritt 2:
Behandlung durchführen

- ACHTUNG: Lies die Anleitung des Nassenheider Universal H und orientiere dich an den Hinweisen zu Dosierung und Einsatz. Die Anleitung liegt dem Verdunster bei.
- Fülle die Flasche des Verdunsters mit 240 ml Ameisensäure (Mittelwert für ein Volk mit 8–12 Brutwaben). Der Füllstand lässt sich einfach durch die aufgedruckte Skala an der Flasche kontrollieren. Für ein leichteres Einfüllen der Säure bietet es sich an, einen kleinen Trichter zu verwenden.
- Hänge das Verdunsterrähmchen fluglochfern an den Rand des Brutnests! Um die richtige Stelle zu finden, beginnst du an der fluglochfernen Seite die einzelnen Rähmchen zu begutachten, bis du auf das Brutnest stößt. Um der Brut nicht zu schaden, den Verdunster mit einem Rähmchen Abstand positionieren.
- Lege das Jutetuch wie gewohnt über die gesamte Länge und verschließe die Box.

Die Verdunstungsrate der Ameisensäure sollte nicht unter 15 ml und nicht über 25 ml pro Tag liegen. Sie ist abhängig von der Temperatur, Luftfeuchtigkeit in der BienenBox sowie der Größe des Dochts. Etwa 48 Stunden nach Beginn der Behandlung solltest du die Verdunstungsrate kontrollieren und bei zu hoher Verdunstungsrate den kleineren bzw. bei zu niedriger Verdunstungsrate den größeren Docht einsetzen. Hierfür nimmst du den Verdunster und hältst die Flasche bzw. das Rähmchen senkrecht, um auf der Skala den Füllstand ablesen zu können.

1. **Ameisensäure gemäß Anleitung in den Verdunster füllen**
2. **Verdunsteraufsatz aufschrauben**
3. **Verdunsterrähmchen in der BienenBox**

1
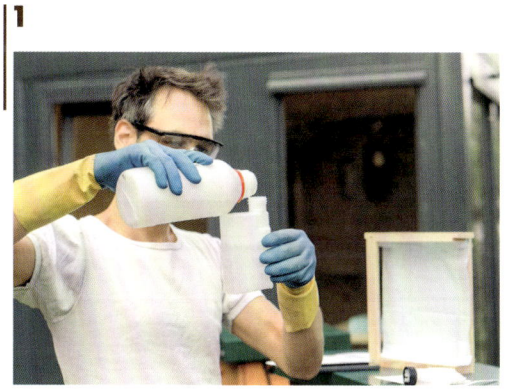

2
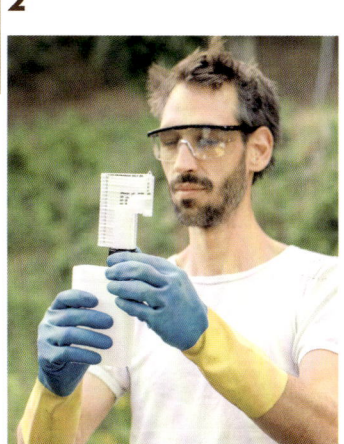

3

Schritt 3:
Behandlungsende und Nachkontrolle

Nachdem die ganze Ameisensäure verdunstet ist, ist die Behandlung nach maximal 14 Tagen abgeschlossen. Dann kannst du das Verdunsterrähmchen wieder aus der BienenBox entfernen. Um im Nachhinein den Befall zu kontrollieren und eventuell bei anhaltendem Befall mit einer weiteren Behandlung zu reagieren, solltest du etwa 2,5 Wochen nach Beendigung der Behandlung nochmals den Milbenbefall kontrollieren.

Alternative Behandlung mit dem Nassenheider Verdunster Professional

Wenn du das Verdunsterrähmchen noch nicht besitzt, kannst du auch mit dem Nassenheider Verdunster Professional die Ameisensäurebehandlung durchführen.
- Für diesen Verdunster benötigst du einen Platz von etwa 10 Rähmchen im fluglochfernen Bereich deiner BienenBox. Entferne für die Behandlung das Trennschied!

BEI EINEM JUNGVOLK

Ein Bienenvolk, das im selben Jahr in die BienenBox eingezogen ist, sollte behandelt werden, wenn du im Juli und August vier Milben pro Tag entdeckst. Im September reicht eine Milbe pro Tag, um eine erneute Behandlung zu rechtfertigen. Bei einem Bienenvolk ab dem zweiten Jahr kannst du im September weniger streng sein, hier empfehlen wir eine Behandlung ab drei Milben pro Tag.

- Für die Behandlung eines Bienenvolks wird die Flasche des Nassenheider Professional mit 240 ml Ameisensäure aufgefüllt. Der Füllstand lässt sich einfach durch die aufgedruckte Skala an der Flasche kontrollieren. Für ein leichteres Einfüllen der Säure bietet es sich an, einen kleinen Trichter zu verwenden.

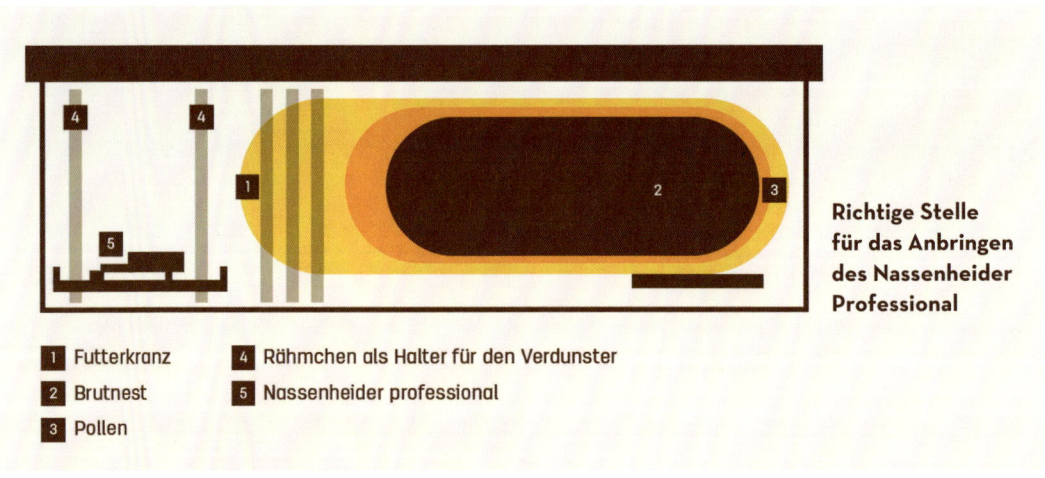

Richtige Stelle für das Anbringen des Nassenheider Professional

1. Futterkranz
2. Brutnest
3. Pollen
4. Rähmchen als Halter für den Verdunster
5. Nassenheider professional

- Schraube nach dem Auffüllen die Aufschraubeeinheit auf die Flasche. Achte darauf, dass du die Flasche dabei senkrecht hältst!
- Lege das Vliestuch in der Plastikwanne aus und fixiere es mit den mitgelieferten Klammern.
- Bringe die Standklammer an der Flasche an und stelle den Verdunster in die Wanne.
- Setze den mittleren Docht ein und montiere darüber den Dochthalter. Achte darauf, dass der Docht nicht das Vliestuch berührt (ca. 2 mm Spalt).
- Stelle die komplette Wanne in zwei leere Kuntzsch-hoch-Rähmchen in den fluglochfernen Teil der BienenBox. Achte darauf, dass der Verdunster waagerecht steht!
- Lege das Jutetuch so auf deine Rähmchen, dass es nicht zwischen dem Verdunster und dem letzten Rähmchen auf den Boden ragt. Schließe den Deckel der BienenBox.

Für weitere Anwendungsinformationen liegt dem Nassenheider Professional eine Anleitung bei, die du unbedingt lesen solltest.

Nassenheider Professional in der BienenBox

BIOTECHNISCHE VARROABEHANDLUNG

Die Varroamilbe benötigt geschlossene Zellen, um sich zu vermehren. Mit biotechnischen Verfahren wollen wir eine künstliche Brutunterbrechung herbeiführen, und so die Vermehrung der Varroamilbe stoppen.

Indem du die Bruttätigkeit der Bienen unterbindest, stoppst du auch die Vermehrung der Varroamilbe. Im brutfreien Zustand sitzen außerdem alle Milben auf den Bienen, was eine effektivere Behandlung mit milderen Säuren wie der Oxalsäure ermöglicht. Damit kannst du ganz auf die Ameisensäure verzichten.

Diese biotechnische Maßnahme wird meist im Juni und Juli durchgeführt, etwa zwei Wochen vor Ende der Haupttracht. Die Honigernte sollte zu diesem Zeitpunkt abgeschlossen sein. Das Zufüttern der Bienen ist parallel möglich. Der erste Schritt vor jeder Behandlung ist immer die Bestimmung des Befalls. Wie du das machst, kannst du im auf S. 96 f.

Käfigen der Königin – eine von vielen Methoden

Bei diesem Verfahren bleiben die natürliche Wabenordnung und die Integrität des Brutnestes erhalten. Es eignet sich deshalb für die Anwendung beim Naturwabenbau. Wer wenige Bienenvölker hält und nicht vermehren möchte, für den ist das Käfigen die einfachste Methode mit dem geringsten Zeit- und Materialaufwand.

Zubehör

- speziellen Käfig zur Brutunterbrechung (z. B. der „Scalvini-Käfig")
- scharfes Messer
- Oxalsäuredihydratlösung (OXUVAR 5,7 %, Andermatt Biovet)
- Schutzkleidung bestehend aus säurefesten Handschuhen, Schutzbrille und FFP2-Maske
- handelsübliche Sprühflasche

Eingesetzter „Scalvini-Käfig" in der Wabe

Suche nach der Königin

Zentral bei dieser Methode ist, dass du die Königin im Bienenstock findest. Dafür brauchst du ein wenig Erfahrung, Übung und immer auch ein bisschen Glück. Hier ein paar Tipps, die dir die Suche erleichtern:

— Versuche ruhig zu arbeiten bei der Suche und keinen Rauch einzusetzen, um so wenig wie möglich Unruhe in den Stock zu bringen.
— Die Königin erkennst du gut an ihrem langen Hinterleib,
— sie bewegt sich zackiger und schneller als die Arbeiterinnen,
— meistens sitzt sie auf den Brutwaben.

Es kann manchmal wie verhext sein und unmöglich erscheinen – lass dir Zeit und gib die Hoffnung nicht auf! Manche Imker*innen markieren ihre Königin mit einem kleinen, farbigen Plättchen.

Brutfreiheit herstellen

Nachdem du die Königin gefunden und mittels einer Königinnenklammer gefangen hast, setzt du sie vorsichtig in den speziellen Käfig. Jetzt kann sie keine Eier mehr legen. Im zentralen Brutnest schneidest du nun ein Loch in der Größe des Käfigs aus und setzt ihn in dieses Loch. Nach 25 Tagen ist auch die letzte Biene geschlüpft und das Bienenvolk brutfrei. Dann kannst du die Sprühbehandlung durchführen. Bevor du die Behandlung beginnst, entnimmst du den Käfig mit der Königin. Lass die Königin im Käfig sitzen, bis die Behandlung abgeschlossen ist! Bereite eine Oxalsäuredihydratlösung von 3 % vor, indem du das Oxuvar mit Wasser verdünnst (siehe Anleitung). Entnimm nacheinander die Rähmchen und sprühe von beiden Seiten die Lösung auf die aufsitzenden Bienen. Pro besetzter Wabenfläche solltest du ca. 2–3 ml versprühen. Teste am besten vorher, wie groß bei deiner Flasche die Menge von einem Spühstoß ist! Hast du alle Waben mit aufsitzenden Bienen behandelt, kannst du die Königin wieder in das Volk entlassen. Kontrolliere nach zehn Tagen, ob du wieder verdeckelte Brut erkennst. Bei erfolgreicher Behandlung solltest du außerdem einige tote Milben auf dem Boden deiner BienenBox finden.

TIPP

Auf stadtbienen.org findest du Aufbaukurse zum Thema Biotechnische Varroabehandlung!

Futterkontrolle

Mitte August stellst du noch einmal sicher, dass deine Bienen genug Honig gesammelt haben, um gut über den bevorstehenden Winter zu kommen.

Honig ist Winterfutter für deine Bienen. Haben deine Bienen nicht genug Honig gesammelt, musst du zufüttern. Ein Bienenvolk benötigt etwa 15 kg Honig im Winter, wenn es zu dieser Jahreszeit auf mehr als 14 Rähmchen sitzt. Wenn dein Volk recht groß ist und auf 23 oder mehr Rähmchen sitzt, schadet es nicht, einen Vorrat von 20 kg anzustreben. Um den ganzen Honiginhalt abzuschätzen, kannst du einmal deine BienenBox wiegen oder durch Ziehen der einzelnen Rähmchen den Inhalt aufsummieren.

INFOS FÜR BIENENHALTER*INNEN IM ERSTEN JAHR

— Deine Bienen benötigen als Jungvolk nicht so viel Honig wie ein Volk im zweiten Jahr. Dennoch solltest du ab 15 bebauten Rähmchen 15 kg Vorrat vorsehen. Besetzt dein Volk nur wenige Rähmchen in der Box, reichen auch 10 kg Honigvorräte.

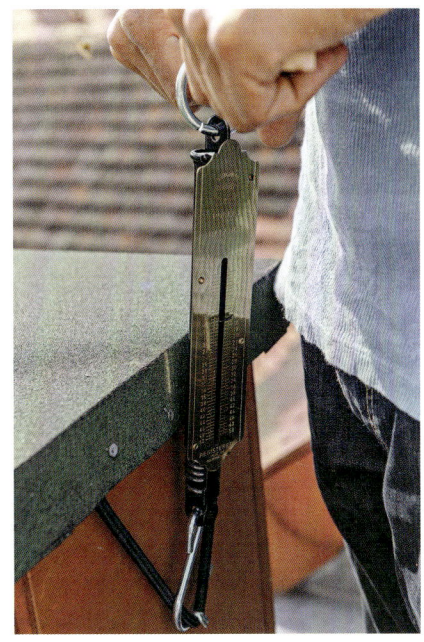

BienenBox mit einer Zugwaage wiegen.

INFO
FUTTER-KONTROLLE
Dauer: 1 Std.
Zeitpunkt: Mitte August

— Gib deinen Bienen nicht das ganze Futter auf einmal. Füttere maximal 2 kg Zucker pro Woche!
— Dein Jungvolk hat eine begrenzte Wabenfläche. Achte darauf, dass du nur die Menge zufütterst, die wirklich nötig ist. Bei Überfütterung haben deine Bienen keinen Platz mehr für ihre Brut.

HONIGINHALT WIEGEN

Bei einem Dach- bzw. Gartenstandort bietet es sich an, den Honigvorrat deiner Bienen durch Wiegen der Box zu ermitteln. Dafür benötigst du eine Zugwaage, die du jeweils an den seitlichen Haken der BienenBox anhängen kannst. Du hebst mit der Zugwaage nacheinander beide Seiten der BienenBox ein Stück an und liest die Anzeige auf der Zugwaage. Danach addierst du die beiden Werte, die du gemessen hast, und erhältst das Gesamtgewicht deiner BienenBox. Hebe die Box nur leicht mit der Zugwaage an; je höher du die Box ziehst, desto mehr verfälscht sich das Ergebnis. Jetzt kannst du nach folgender Herangehensweise den Honigvorrat bestimmen (Kasten).

HONIGINHALT SCHÄTZEN

Diese Methode bietet sich vor allem an einem Balkonstandort an. Um den ganzen Honiginhalt abzuschätzen, solltest du die einzelnen Rähmchen ziehen. Ein Rähmchen, das ausgebaut und voll mit verdeckelten Honigzellen ist, wiegt etwa 2 kg. Wenn du jetzt die einzelnen Rähmchen durchgehst, kannst du abschätzen, wie viel Honig sich in deiner BienenBox befindet.
Umso näher du Richtung Flugloch kommst, werden die Waben in den Rähmchen nicht nur Honig, sondern auch Brut beinhalten. In Abbildung 2 kannst du den Unterschied leicht erkennen. Bei einer Aufteilung z. B. von 70 % Brut und 30 % Honig pro Rähmchen musst du für die Gesamtrechnung 0,6 kg Honig dazu addieren.

HONIGVORRAT BESTIMMEN

Honigvorrat = Gesamtgewicht − Leergewicht BienenBox (ca. 22 kg) − Gewicht Bienen (*)

*Gewicht Bienen: Je nach Größe des Bienenvolks variiert das Gewicht zwischen 3 kg (bei 8 ausgebauten Rähmchen) und 10 kg (bei 25 ausgebauten Rähmchen).

1. Komplette Futterwabe
2. 70 % Brut/Pollen, 30 % verdeckelter Honig
3. Zufüttern mit Eimer

NACHFÜTTERN

Am Ende wirst du wissen, ob deine Bienen genug Futter für den Winter haben, und kannst ggf. nachfüttern.

Egal, ob du nachfütterst oder nicht, du solltest bis Ende September immer ein freies Rähmchen zwischen Trennschied und letztem bebauten Rähmchen für einen potenziellen weiteren Ausbau belassen.

Musst du nachfüttern, rechnest du das fehlende Gewicht an Honig in kg Zucker um und bereitest eine Zuckerlösung vor, die du den Bienen anbietest.

Nicht zu viel füttern!

Es ist bestimmt gut, wenn deine Bienen genug Wintervorrat haben. Miss aber auf jeden Fall nach, wie viel Futter deine Bienen benötigen! Wenn sie durch zu viel Zufütterung ein zu großes Lager ansammeln (über 15 – 20 kg), dann haben sie keinen Platz mehr für die Winterbrut und können nicht die nötige Volksgröße aufbauen, um gesund über den Winter zu kommen.

Rezept: Zuckerlösung

Die Zuckerlösung wird für das Winterfutter mit Wasser aus einer 2:3-Lösung hergestellt. Das bedeutet, dass 1 Liter Wasser mit 1,5 kg Zucker vermischt wird. Für das Winterfutter darfst du ausschließlich weißen Zucker verwenden, weil dieser keine Ballaststoffe enthält. Weitere Anweisungen und Tipps für die Zubereitung findest du im Kapitel „Die ersten Tage mit den Bienen" unter Zufüttern (siehe S. 68 f.). Für die Nachfütterung nimmst du eine Futtertasche oder ein Gefäß (Tetra Pak, Schale, Eimer).

Du kannst bei einer Fütterung bis zu 7 kg Zuckerlösung anbieten. Um dein Volk vor Räuberei durch andere Bienen oder Wespen zu schützen, solltest du nicht zu oft die BienenBox öffnen (einmal pro Woche) und die Zuckerlösung erst gegen Abend in die BienenBox stellen. Die Zufütterung sollte bis Ende September abgeschlossen sein.

Oxalsäurebehandlung

Während Bienenhalter*innen im Sommer die Ameisensäure verwenden, bevorzugen wir zur Varroabehandlung im Winter die etwas mildere Oxalsäure.

Durch die Oxalsäurebehandlung kann eine Restentmilbung stattfinden, die deinem Bienenvolk einen guten Start ins neue Jahr ermöglicht. Sie sollte nur im brutfreien Zustand durchgeführt werden. Brutfreiheit tritt normalerweise drei Wochen nach den ersten Nachtfrösten ein, also in der Regel im Zeitraum von Mitte November bis spätestens Ende Dezember. Beobachte das Gemüll am Boden der BienenBox, um Brutfreiheit festzustellen! Dafür schiebst du den gesäuberten Boden in die BienenBox und wartest etwa eine Woche. Dann ziehst du den Boden heraus und kontrollierst das Gemüll.

BRUTFREIHEIT ERKENNEN

Noch nicht brutfrei:
— ausgeschwitzte und verlorene Wachsplättchen
— helle Milben

Brutfrei:
— ausschließlich dunkle Milben auf dem Boden
— keine Wachsplättchn mehr zu erkennen
— kein Pollen zu erkennen

Du kannst dir den ersten Nachtfrost im Kalender markieren und drei Wochen später die Behandlung durchführen. Eine weitere Methode, um Brutfreiheit festzustellen, ist eine Sichtkontrolle durch Ziehen einzelner Rähmchen. Die Außentemperatur sollte bei der Behandlung zwischen 2 und 8°C liegen. Beobachte zwischen Mitte November und Ende Dezember das Wetter und wähle für die Behandlung einen Tag mit entsprechender Temperatur, ohne Regen oder Schnee. Deine Bienen sollten in ihrer Wintertraube zusammensitzen. Das erleichtert die Behandlung und erhöht die Chance auf Erfolg.

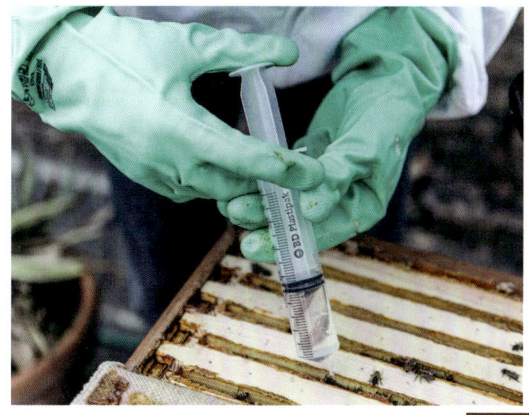

1. Oxalsäurelösung aufziehen
2. Lösung in die Wabengassen träufeln

OXALSÄURE

Oxalsäure ist eine organische Säure, die auch in größeren Mengen z. B. in Rhabarber vorkommt (180–765 mg/100 g Frischgewicht). Bei der Varroabehandlung wird Oxalsäure in konzentrierter Form als 3,5 %ige wässrige Zuckerlösung angewandt.

Für die Behandlung brauchst du Oxalsäure, die mit der Bezeichnung „Oxalsäuredihydrat-Lösung 3,5 % (m/V)" verkauft wird. Es gibt zwei Hersteller, die für die Behandlung von Bienen zugelassen sind: Andermatt BioVet AG mit Oxuvar® und Serumwerk Bernburg. Andere Oxalsäuren sind zwar preisgünstiger, aber für die Anwendung an lebenden Bienen und im Hinblick auf die Honigproduktion rate ich dir ausdrücklich davon ab. Die Oxalsäure wird in Packungen verkauft, die für zehn Behandlungen ausreichend sind. In diesen Packungen sind häufig auch die benötigten Einwegspritzen enthalten. Leider ist diese Lösung nicht lange lagerfähig, daher bietet es sich an, mit anderen Bienenhalter*innen eine Sammelbestellung durchzuführen. Oxalsäure ist apotheken-, aber nicht rezeptpflichtig. Frage in der Apotheke (bzw. suche in der Online-Apotheke) nach den Herstellern Andermatt BioVet AG oder Serumwerk Bernburg. Erkundige dich vorab bei befreundeten Bienenhalter*innen oder im Imkerverein, ob jemand Oxalsäure abzugeben hat! Der Zeitraum (Mitte November bis Ende Dezember) reicht aus, um eine Sammelbestellung aufzugeben und die Oxalsäure an mehrere Bienenhalter*innen weiterzureichen. Viele Imkervereine organisieren ebenfalls Sammelbestellungen.

INFO
OS-BEHANDLUNG
Dauer: 1 Std.
Zeitpunkt: Mitte
Nov. bis Ende Dez.

BEHANDLUNG DRUCHFÜHREN

Da Oxalsäure giftig ist und über die Haut aufgenommen werden kann, solltest du Schutzhandschuhe und eine Schutzbrille bei der Behandlung tragen.

Schritt 1: Löse gemäß der mitgelieferten Anleitung das Saccharose-Pulver in der erwärmten Oxalsäure auf und ziehe es in eine Einwegspritze. Die Säuremenge, die du benötigst, richtet sich nach der Größe deines Bienenvolks.

Schritt 2: Öffne den Deckel und entferne das Jutetuch. Überprüfe, wie viele Wabengassen mit Bienen besetzt sind. Der Blick durchs Sichtfenster kann helfen! Wenn du unsicher bist, schau dir das Gemüll auf dem Boden an.

Schritt 3: Träufel die Oxlsäure mit der Spritze gleichmäßig in die von Bienen besetzten Wabengassen.

Die Behandlung muss bis zum 31. Dezember erfolgt sein, da der Honig des Folgejahres sonst

Brutfreies Bienenvolk: keine Wachsplättchen, kein Pollen, nur dunkle Milben

DOSIERUNG DER OXALSÄURE

VOLKS-GRÖSSE	WABENGASSEN BESETZT	MENGE OXALSÄURE
KLEINES VOLK	< 7	30 ml
MITTLERES VOLK	7–9	40 ml
STARKES VOLK	> 9	50 ml

nicht als Lebensmittel verkehrsfähig ist! Keinesfalls sollte die Behandlung mit Oxalsäure ein zweites Mal im selben Zeitraum durchgeführt werden. Restliche Oxalsäure, die du nicht gebrauchen konntest, muss unbedingt im Sondermüll entsorgt werden.

Dokumentation: Da Oxalsäure ein apothekenpflichtiges Produkt ist, musst du die Behandlung in einem Bestandsbuch dokumentieren.

Den weiteren Winter über benötigen deine Bienen größtmögliche Ruhe. Bitte verzichte daher in der kalten Jahreszeit darauf, den Deckel ohne triftigen Grund zu öffnen. Bei starkem Schneefall solltest du das Flugloch schneefrei halten und das Dach der BienenBox gelegentlich von Schnee befreien.

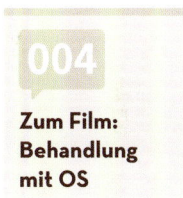

004

Zum Film: Behandlung mit OS

Material für das Verdampfen von Oxalsäure

OXALSÄURE VERDAMPFEN

Als Alternative zum Träufeln von Oxalsäure kann diese auch verdampft werden. Bei der Sublimation wird die Oxalsäure mittels eines Verdampfers innerhalb des Stocks auf 185 Grad Celsius erhitzt. Der Dampf verteilt sich im ganzen Bienenstock und wirkt gleichmäßig überall. Diese Methode ist erst seit Kurzem in Deutschland erlaubt und verspricht eine hohe Wirksamkeit bei hoher Verträglichkeit für die Bienen. Dabei störst du, anders als bei der Träufelbehandlung, deine Bienen nur minimal. Nachteil ist für Freizeit-Bienenhalter*innen der höhere Anschaffungspreis eines Verdampfers.

Genau wie bei der Träufelbehandlung sollte das Bienenvolk beim Verdampfen brutfrei sein. Da die Wintertraube bei dieser Methode ein wenig lockerer sitzen sollte, ist eine Behandlung ab 4 °C ratsam. Bisher ist die Behandlung in Deutschland ausschließlich mit dem Produkt von Andermatt (BioVet VARROXAL 0,71 g/g Bienenstock-Pulver) erlaubt, das du online kaufen kannst.

> **TIPP**
> Verdampfer gemeinsam mit anderen anschaffen, um Geld zu sparen.

OXALSÄUREBEHANDLUNG

Zubehör
- Verdampfer (es gibt inzwischen einige Verdampfer auf dem Markt, wir stellen hier den Verdampfer Varrox vor)
- Oxalsäure (BioVet Varroxal)
- vollständige Schutzausrüstung bestehend aus Schutzbrille, Atemschutzmaske (FFP3 – sehr wichtig!) und Handschuhen

Arbeitsschritte
1. Verschließe alle Öffnungen der BienenBox (Bodenschieber, Lüftungsklappe). Das Flugloch und die Bereiche zwischen Trennschied und Bodengitter kannst du mit Tüchern oder Schaumstoff abdichten.
2. Fülle (gemäß der Rähmchenanzahl in deiner BienenBox) die benötigte Menge Oxalsäuredihydrat-Pulver auf die kleine Heizpfanne des Verdampfers. Der mitgelieferte Messlöffel enthält 1 g Pulver, wenn er flach und gleichmäßig gefüllt ist.
3. Führe die Pfanne durch das Flugloch in die BienenBox, bis das Stützblech verschwindet.
4. Verbinde den Verdampfer für 2–2,5 Minuten mit einer Stromquelle (z. B. eine 12-V-Autobatterie).
5. Löse die Klemmen wieder von der Stromquelle und belasse den Verdampfer noch weitere 2 Minuten in der Box. Falls du mehrere Behausungen nacheinander behandeln möchtest, ist es ratsam, den Verdampfer kurz in Wasser abzukühlen. Lasse die Box noch weitere 10 Minuten verschlossen, bis du alle Tücher und Schaumstoffteile wieder entfernst.

> **INFO**
> 7 Rähmchen = 1 g Pulver
> 15 Rähmchen = 2 g Pulver

Verdampfer wird über das Flugloch eingeschoben.

Winterkontrolle

Auch wenn es in den Wintermonaten weniger zu tun gibt, solltest du die Entwicklung und den Zustand deiner Bienen beobachten und vorbereitet sein, um im Notfall einzugreifen.

1

Ohne die BienenBox öffnen zu müssen, kannst du mit Hilfe des Bodens erkennen, wie es deinen Bienen geht und ob sie angefangen haben, wieder ein kleines Brutnest anzulegen. Zuerst kannst du an den Gemüllstreifen auf deinem Boden erkennen, wie groß dein Volk ist. Je mehr Streifen du siehst, desto mehr Wabengassen sind besetzt. Wie schon im letzten Kapitel erläutert, kannst du anhand des Bodens (helle Milben, Wachsplättchen) erkennen, ob deine Bienen wieder angefangen haben zu brüten (siehe S. 106). Haben deine Bienen wieder ein kleines Brutnest angelegt, müssen sie dieses auch wärmen. Um es ihnen leichter zu machen, schiebst du deinen Boden in die BienenBox und lässt ihn bis ins Frühjahr (Anfang April) drin. Gerade als Anfänger*in ist es nicht einfach zu erkennen, ob die Bienen schon angefangen haben zu brüten oder nicht. In diesem Fall kann man davon ausgehen, dass die Bienen spätestens ab Ende Januar wieder ein kleines Brutnest angelegt haben. Allgemein gilt, dass im Winter jede Störung vermieden werden sollte. Das Sichtfenster der BienenBox erlaubt dir einen störungsarmen Einblick.

FUTTERKONTROLLE MITTE FEBRUAR

Mitte Februar kannst du den Futtervorrat deiner Bienen kontrollieren, um sicherzugehen, dass diese genug Reserven bis zur ersten Blüte haben. Dafür nimmst du keine Waben aus dem Volk, sondern schaust lediglich von oben in die Wabengassen. Idealerweise sitzen deine Bienen noch

WINTERKONTROLLE

1. Blick auf die kugelförmige Wintertraube
2. Gemüllstreifen auf dem Boden der BienenBox

fluglochnah und tief in den Wabengassen. Wenn die Bienen fluglochfern in den letzten Honigwaben sitzen, solltest du den Futtervorrat genauer prüfen. Dafür kannst du einzelne Rähmchen herausholen und genau feststellen, ob noch genug Honig vorhanden ist oder über eine Gewichtsmessung mit der Zugwaage den Honiginhalt bestimmen, wie bei der Futterkontrolle im Herbst (siehe S. 103). Wenn dies nicht der Fall sein sollte, musst du eine Notfütterung durchführen.

NOTFÜTTERUNG

Im Idealfall nimmst du eine oder mehrere volle Waben aus einem deiner Bienenvölker. Diese Wabe hängst du direkt neben, aber nicht in die Wintertraube. Ritze die Wabe mit deinem Stockmeißel an, dann können die Bienen den Honig leichter aufnehmen. Diese Art der Notfütterung birgt die Gefahr der Krankheitsübertragung von einem Volk zum anderen. Die Waben müssen unbedingt von einem gesunden Volk stammen.

Du kannst auch Folgendes unternehmen:
— Notfütterung mit Futterteig. Dazu eine faustgroße Menge auf einem Stück Plastik (Plastiktüte) verteilen bzw. ausrollen und direkt mit der Futterteigseite nach unten auf die Oberträger der Rähmchen legen. Die Position sollte direkt über dem Sitz der Bienen liegen. Der Fladen sollte nicht dicker als 4 mm sein, dann kann auch das Jutetuch und der Deckel der BienenBox wieder normal aufgesetzt werden.

INFO
WINTER-KONTROLLE
Dauer: 1 Std.
Zeitpunkt: Januar, Februar, März

— Auch wenn der Futterteig die bessere Lösung darstellt, kannst du alternativ handwarmes Zuckerwasser 3:2 in einer Futtertasche direkt am Bienensitz einhängen. Hast du keine Futtertasche, kannst du auch einen leeren Tetra Pak in einem Kuntzsch-Hoch-Rähmchen befestigen.

Futterteigrezept

Du kannst Futterteig im Internet kaufen oder selbst herstellen. Dazu ein Teil Honig etwas erwärmen und mit ca. drei Teilen Puderzucker verkneten. Bei Bedarf weiteren Puderzucker untermischen, bis ein fester Teig entsteht. Wie immer gilt: Honig nur von deinen eigenen Bienen oder von der Imkerin deines Vertrauens (Gefahr von Faulbrutsporen)! Wenn du zu wenig Honig zur Hand hast, kannst du den Teig auch mit Wasser anrühren.

Die Abbildung unten zeigt schematisch, wie sich deine Bienen, die in einer Wintertraube zusammensitzen, durch die BienenBox bewegen. Um immer genug Honig zu bekommen, werden deine Bienen in den Wabengassen nach oben wandern und danach in die Gegenrichtung des Fluglochs.

FUTTERKONTROLLE MÄRZ

Der März stellt die letzte Hürde für deine Bienen dar, bevor das Blütenangebot, das das Überleben der Bienen sichert, in der Natur wieder groß ist. Ohne dass sie viel in ihrer Umgebung

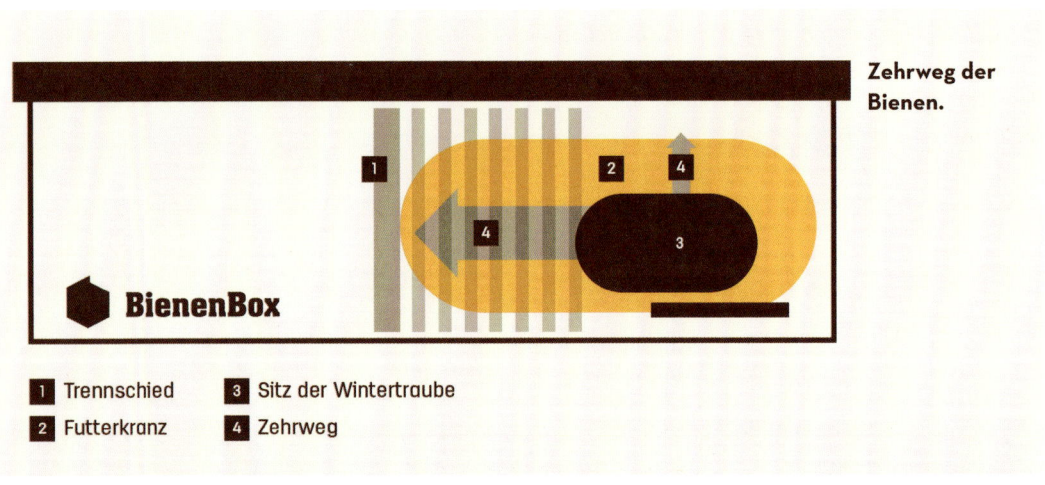

Zehrweg der Bienen.

1 Trennschied
2 Futterkranz
3 Sitz der Wintertraube
4 Zehrweg

1. Tote Bienen nach dem Winter
2. Nach drei bis vier Jahren sollte eine dunkle Wabe (rechts) ausgetauscht werden.

finden können, müssen die Bienen ihr Brutnest auf Temperatur halten und benötigen dafür viel Energie, was sich wiederum in ihrem Honigbedarf niederschlägt. Auch hier gilt, dass der Boden eingeschoben sein sollte, um es den Bienen leichter zu machen, ihr Brutnest zu wärmen. Sobald die Temperaturen wieder regelmäßig über 10 °C klettern, kannst du die Fluglochverkleinerung entfernen, sodass deine Bienen z. B. ihre toten Schwestern aus dem Flugloch befördern können. Wenn deine Bienen an schönen Tagen mit Pollen ans Flugloch fliegen, weißt du, dass sie brüten und es ihnen gut geht.

Sobald sie ihre ersten Flugtage hinter sich haben und dabei schon ihre Kotblase entleeren konnten, kannst du nochmals eine Futterkontrolle durchführen. Anfang März sollten deine Bienen noch einen Vorrat (je nach Volksgröße) von etwa 4–8 kg Honig haben, von dem sie noch bis Anfang Mai zehren können. Ermittle an einem milden Tag (über 10 °C) die Honigmenge wie im Kapitel „Futterkontrolle" beschrieben (siehe S. 112). Wenn du Futtermangel feststellen solltest, gehe wie im Abschnitt „Notfütterung" (siehe S. 113) vor.
Da die Bienen noch nicht viel Zeit hatten „aufzuräumen", kann es in der BienenBox chaotisch aussehen. Tote Bienen am Boden oder verschimmelte Bereiche an den Randwaben oder in der Box sollten dich nicht beunruhigen.

WABEN AUSSORTIEREN

Ende März ist ein guter Zeitpunkt, um stark verschimmelte, alte oder schräg gebaute Waben aus dem Volk zu entfernen. Du kannst alle Waben entfernen, auf denen deine Bienen noch kein Brutnest angelegt haben. Wichtig dabei ist, dass du deinen Bienen genug Futter lässt (ca. 8 kg), das links und rechts vom Brutnest platziert ist.

SCHIMMEL IN DER BEHAUSUNG

Wenn deine Bienen ein Brutnest angelegt haben, das sie heizen müssen, können große Temperaturdifferenzen entstehen. Es bildet sich womöglich Kondenswasser in den kälteren Bereichen der BienenBox. Das begünstigt Schimmelbildung. Kleine Ansammlung an Schimmelsporen unter dem Deckel oder auf Randwaben müssen dich nicht beunruhigen. Trotzdem lohnt es sich, rechtzeitig zu handeln. Du kannst gegen den Schimmel vorgehen und neuen Befall verhindern, indem du für bessere Belüftung in der BienenBox sorgst.

Schimmel entfernen und vorbeugen

- Entferne mechanisch den Schimmel mit deinem Stockmeißel. Mit Essigessenz kannst du Flächen bearbeiten, die einen leichten Film aufweisen. Hartnäckigen Schimmel am Deckel kannst du mit Schmirgelpapier entfernen.
- Wenn sich der Schimmel nur an wenigen Stellen am Jutetuch gebildet hat, kannst du dieses einfach umdrehen, sodass die verschimmelte Stelle hinter dem Trennschied landet. Bei Gelegenheit solltest du das Jutetuch austauschen.
- Öffne bei deiner BienenBox die Lüftungsklappe an der Seite. Zusätzlich kannst du den Boden hinter dem Trennschied ein Stück öffnen, um im hinteren Teil der Box eine Luftzirkulation zu ermöglichen.
- Falls du einen Schlitz zwischen der Oberkante des Trennschieds und dem Deckel hast, kannst du diesen mit einem Stück Pappe füllen, um die Stelle zu isolieren.
- Wenn sich die Schimmelbildung nicht aufhalten lässt, entferne das Jutetuch und setze dafür eine Abdeckfolie aus Plastik ein.
- Stark verschimmelte Waben und Rähmchen müssen auf lange Sicht aus der Behausung entfernt werden.

Schattige, feuchte oder sehr bodennahe Standorte machen es den Bienen schwer, ein gutes Beutenklima aufrechtzuerhalten. Wenn du Probleme mit Schimmel hast, finde ggf. einen trockeneren Platz für deine BienenBox. Jetzt ist die beste Jahreszeit, um die Bienen an einen anderen Ort zu bringen.

> **INFO**
> Bei der Schimmelentfernung immer Handschuhe und Schutzmaske benutzen!

WINTERKONTROLLE

WINTERVERLUSTE

Der Winter kann für Bienenvölker in Mitteleuropa eine harte Prüfung sein. In Deutschland überleben durchschnittlich 20 Prozent der Bienenvölker den Winter nicht. Als Bienenhalter*in trägst du manchmal eine Mitschuld, aber manchmal gibt es nichts, was du tun kannst, um dein Bienenvolk zu retten. Es ist nie schön, ein Bienenvolk zu verlieren. Hast du nur ein einziges, ist der Verlust umso schmerzhafter. Damit du im nächsten Frühjahr nicht bei Null anfangen musst und mögliche Verluste im Winter kompensieren kannst, empfehle ich dir, perspektivisch mindestens zwei Bienenvölker zu halten.

Milde Winter machen den Bienen zu schaffen

Aufgrund des Klimawandels werden die Winter in Deutschland immer milder. Man könnte denken, dass Minustemperaturen den Bienen schaden und milde Winter besonders gut für die Tiere seien. Tatsächlich ist das Gegenteil der Fall: Dein Bienenvolk braucht dringend die Pause, zu der es von einem kalten Winter gezwungen wird. Die Bienen reagieren nämlich auf die Außentemperatur. Liegt diese für längere Zeit über dem Gefrierpunkt, beginnt das Volk wieder zu brüten. Das kostet sehr viel Energie und fördert die Vermehrung der Varroamilben!

Die Bienen in der BienenBox sitzen jetzt in einer warmen Wintertraube.

Die Bienen sind verhungert: Sie stecken mit ihren Köpfen tief in den Zellen.

Tod durch Verhungern

Reichen die Honigvorräte nicht aus, um die blütenarme Zeit bis zum Frühjahr zu überbrücken, oder haben die Bienen den Kontakt zum Futter verloren, können sie verhungern. Auch Räuberei im Herbst führt häufig dazu, dass die Futtervorräte in der BienenBox im Laufe des Winters knapp werden.

Anzeichen:
— viele tote Bienen auf dem Boden deiner BienenBox
— restliche tote Bienen stecken mit dem Kopf tief in den Zellen
— kein Honig mehr in der Box

Prävention:
— Futterkontrolle gewissenhaft durchführen
— Räuberei im Herbst verhindern

— Bei der Winterkontrolle auf den Sitz der Bienen achten und falls nötig eine Notfütterung durchführen.

Tod durch Varroa

Die meisten Bienenvölker, die den Winter nicht überlebt haben, sind an den Folgen eines starken Varroamilbenbefalls eingegangen.

Anzeichen
— „stehengebliebene" Brut im Brutnest
— ein kleiner Rest toter Bienen auf der Wabe (oft um die Königin versammelt)
— relativ wenig Totenfall auf dem Boden (viele der Bienen gehen im Flug verloren)

Prävention
— ständige Beobachtung des Varroabefalls
— Behandlungen durchführen

Erweiterung im Frühjahr

Im Frühling wächst dein Bienenvolk explosionsartig und die Brut muss mit Pollen versorgt werden. Alle Bienen im Stock haben jetzt richtig viel zu tun, und auch für dich beginnt die arbeitsreichste Zeit des Bienenjahres!

Für ihre Brut- und Sammeltätigkeiten brauchen deine Bienen viel Platz! Du kannst dich darauf einstellen, ungefähr in der zweiten Aprilhälfte ihren bebaubaren Raum mit weiteren Rähmchen zu vergrößern. Den genauen Zeitpunkt sollte jedoch nicht der Terminkalender entscheiden: er ist in erster Linie von der individuellen Entwicklung deines Volks abhängig.

KRITERIEN FÜR EINE ERWEITERUNG
— Alle Wabengassen sind bis zum Trennschied aktiv mit Bienen besetzt.
— Bis auf wenige Waben, die an den Außenseiten hängen, erstreckt sich das Brutnest über nahezu alle Rähmchen.

Um den richtigen Zeitpunkt nicht zu verpassen, solltest du mit Hilfe des Bodens die Entwicklung deiner Bienen verfolgen. Dafür nimmst du den Boden aus der BienenBox, säuberst ihn, schiebst ihn wieder ein und wartest ein paar Tage. An den Gemüllstreifen erkennst du dann, wie fleißig deine Bienen schon in den einzelnen Gassen unterwegs sind. Außerdem kannst du an den dickeren bzw. dunkleren und mit Pollen belegten Streifen erkennen, wo das Brutnest sitzt und über wie viele Rähmchen es verteilt ist. Wenn 75 % aller Gemüllstreifen auf dem Boden mit Pollen gut belegt sind, kannst du den Platz für die Bienen erweitern. Sind in den Rähmchen viele Waben, die nicht bis an den Rähmchenboden von den Bienen ausgebaut wurden, dann warte noch ab, bis deine Bienen ihre angefangenen Waben fertig ausgebaut haben. Um vor einer Erweiterung sicherzugehen, solltest du an einem warmen Tag (> 15 °C) einzelne Rähmchen aus der BienenBox holen und feststellen, wie weit die Bienen ihr Brutnest ausgebaut haben und ob es wirklich an der Zeit ist, ihnen mehr Platz zu geben.

ARBEITEN IM JAHRESVERLAUF

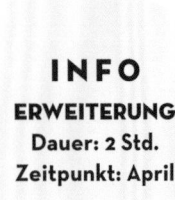

INFO
ERWEITERUNG
Dauer: 2 Std.
Zeitpunkt: April

Was verrät die Durchsicht?
- Welche Rähmchen enthalten Brut?/Wo sitzt das Brutnest?
- Welche Rähmchen enthalten leeren Wabenbau (wenig Futter)?
- Welche Rähmchen enthalten Futter?

Genügend Raum schaffen

Bei der Erweiterung der Bienen-Box ist es wichtig, dem wachsenden Bienenvolk genügend Raum sowohl für die Vergrößerung des Brutnests als auch für den Futtereintrag zu geben. Daher solltest du am hinteren Ende des Brutnests (fluglochabgewandte Seite) ein Leerrähmchen dazuzuhängen, ein weiteres Leerrähmchen unmittelbar vor dem Trennschied.

Im Lauf des Frühjahrs kannst du immer mehr Rähmchen dazuhängen, wenn deine Bienen das letzte Rähmchen vor dem Trennschied über die Hälfte ausgebaut haben. Hierbei kannst du nochmals ein weiteres Rähmchen an den Rand des Brutnests platzieren und alle folgenden nur noch zwischen letztem Rähmchen und Trennschied einhängen.

Schau, dass deine Bienen immer genug Platz haben und emsig bauen können. Dadurch ist es weniger wahrscheinlich, dass sie in Schwarmstimmung geraten. Wenn deine Bienen besonders viel bauen oder du für eine Zeit nicht zu ihnen kannst, ist es in Ordnung, gleich mit zwei oder drei Rähmchen am Trennschied zu erweitern.

Schräge Waben

Je mehr leere Rähmchen du gleichzeitig einhängst, desto höher ist die Gefahr, dass Waben schräg gebaut werden („Wildbau").

Falls deine Bienen ihre Waben schräg bauen sollten, kannst du das anfangs mit dem Stockmeißel korrigieren. Oder du platzierst bei der nächsten Erweiterung das Rähmchen zwischen zwei anderen Waben, die nicht schräg gebaut sind. Bringt das keinen Erfolg, müssen die betroffenen Wabenansätze so früh wie möglich von den Rähmchen entfernt werden und gesäuberte Rähmchen wieder eingesetzt werden.

INTAKTES BRUTNEST
Wichtig ist, dass du keine Leerrähmchen in das Brutnest, d.h. zwischen die vorhandenen Brutwaben hängst! Das Brutnest darf nicht zerrissen oder anderweitig in seiner Integrität gestört werden.

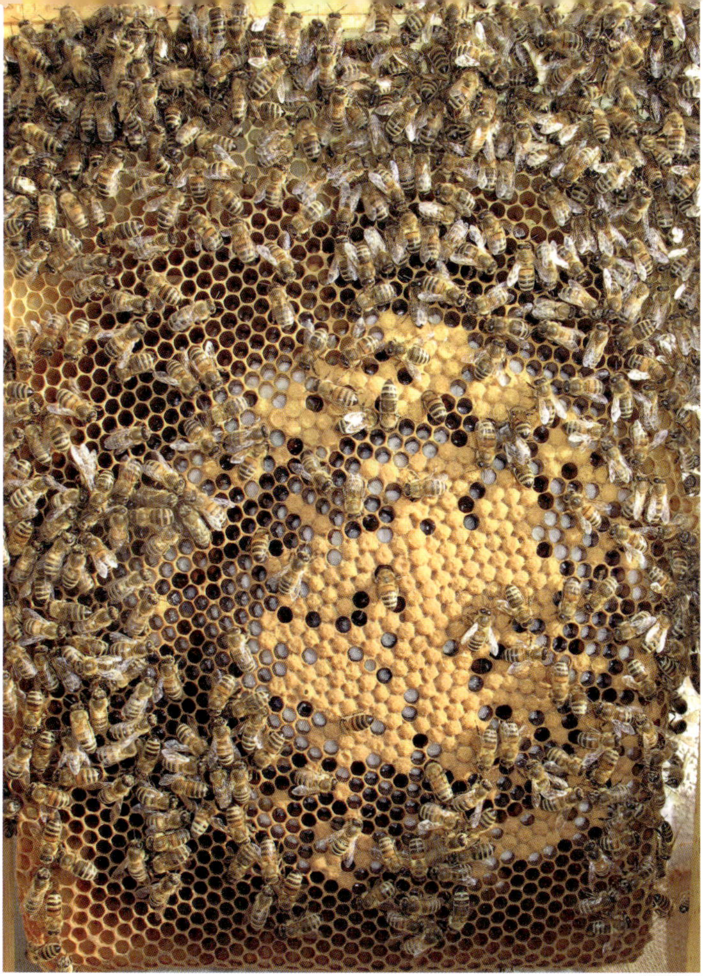

1

2

1. Brut im April
2. Leere Wabe
3. Futterwabe (noch komplett verdeckelt)

3

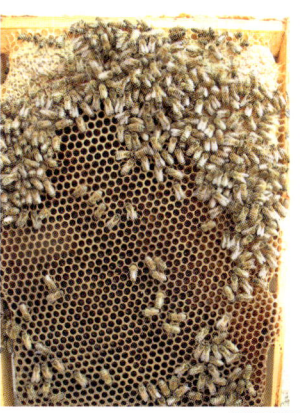

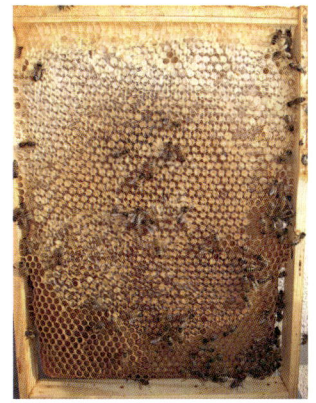

BEISPIEL EINER ERWEITERUNG

1. Wabengassen Anfang April
2. Wabengassen Mitte April
3. Wabengassen Ende April

In **Foto 1** sind die Bienen in allen zwölf Wabengassen leicht aktiv. In der Mitte erkennt man klar die dickeren Streifen, die das Brutnest markieren, das sich über drei Wabengassen verteilt. Hier ist der Zeitpunkt für eine Erweiterung noch lange nicht gekommen.

Foto 2 zeigt den Boden Mitte April. Das Brutnest hat sich schon auf fünf Wabengassen vergrößert. Da noch viele Rähmchen zur linken Seite des Brutnests frei sind und keine Brut enthalten, ist es immer noch nicht Zeit für eine Erweiterung.

Foto 3 zeigt den Boden Ende April. Wie man an den stark belegten Pollenstreifen erkennt, ist das Brutnest stark angewachsen und nimmt annähernd den ganzen Raum der BienenBox ein. Jetzt ist der richtige Zeitpunkt gekommen, um die BienenBox zu öffnen und nach einer Beurteilung des Brutnests zu erweitern. Ab April kannst du die Fluglochverkleinerung entfernen.

Schwarmzeit

Das Schwärmen ist die natürliche Vermehrung der Honigbienen. Du musst deine Bienenvölker jetzt gut im Auge behalten und bereit sein, relativ viel Zeit in ihre Betreuung zu investieren.

Wenn ein Volk schwärmt, verlässt die alte Königin mit etwa der Hälfte ihres Hofstaats die BienenBox. Du musst entscheiden, ob du das möchtest, und in welcher Form deine Bienen eine Völkervermehrung anstreben sollen. Um das weitere Vorgehen zu planen und Entscheidungen zu treffen, musst du im ersten Schritt feststellen, ob deine Bienen in Stimmung sind zu schwärmen.

SCHWARMSTIMMUNG ERKENNEN

Du solltest deine Bienen von Anfang Mai bis Ende Juni genau im Blick haben und regelmäßig eine Durchsicht machen. Bei der Durchsicht wirst du merken, dass durch die erhöhte Legeleistung der Königin in dieser Zeit das Brutnest stark angewachsen ist und den größten Teil der BienenBox einnimmt.

Weiselzellensuche

Um die Schwarmstimmung bei deinen Bienen festzustellen, machst du mindestens alle 8 Tage eine Durchsicht und gehst auf die Suche nach Zellen, die deine Bienen für ihre neue Königin (Weisel) errichten. Diese sogenannten Weiselzellen findest du ausschließlich auf den Waben, die Teil des Brutnests sind. Die Futterwaben kannst du deshalb gleich zur Seite schieben und erst bei den Brutwaben deine Inspektion beginnen.

ARBEITEN IM JAHRESVERLAUF

INFO
SCHWARMZEIT
Dauer: 9 Std.
Zeitpunkt: Mai, Juni

Weiselzellen
— sind länglich und relativ groß
— befinden sich nur auf Waben, die Teil des Brutnests sind
— befinden sich meist am Wabenrand (seitlich oder unten)
— Öffnung ist nicht horizontal, sondern vertikal nach unten

Bevor deine Bienen die Weiselzellen ganz ausbauen, erstellen sie Weiselnäpfchen (Spielnäpfchen), die dir eine beginnende Schwarmlust signalisieren. Solange du in diesen Näpfchen noch kein Ei oder eine Larve im Futtersaft erkennst, musst du nichts weiter unternehmen. Sobald du jedoch ein Weiselnäpfchen erkennst, das ein Ei oder eine Larve enthält, befindet sich dein Volk in Schwarmstimmung und macht sich bereit zur Teilung.

1

Zu diesem Zeitpunkt wird dir auch auffallen, dass die Bienenmasse stark zugenommen hat und beim Öffnen der BienenBox über die Oberträger förmlich aus der BienenBox quillt. Außerdem nimmt der Flugverkehr stark zu und viele Bienen befinden sich am Flugloch außerhalb der BienenBox.

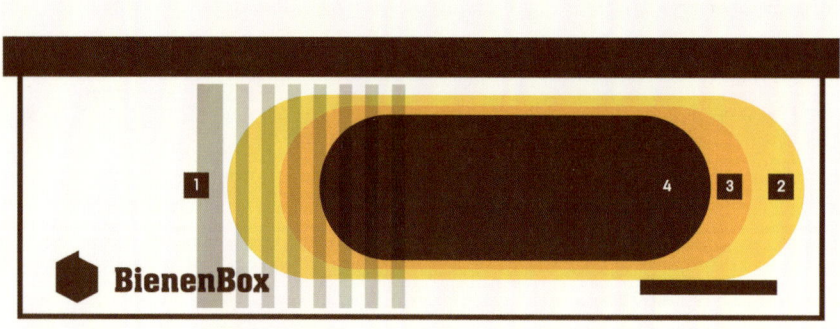

1 Trennschied
2 Futterkranz
3 Pollen
4 Brutnest

Brutnest zur Schwarmzeit

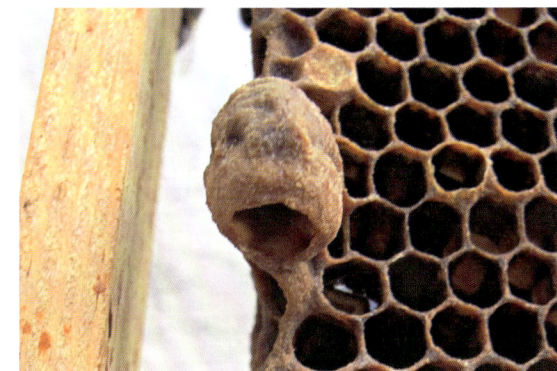

BIENEN IN SCHWARMSTIMMUNG

Wenn deine Bienen in Schwarmstimmung sind, werden sie wahrscheinlich gleich mehrere Näpfchen mit Eiern belegen und zu einer größeren Königinnenzelle (Weiselzelle) ausbauen. Von der Eiablage in das Näpfchen bis zur Verdeckelung der Zelle vergehen 9 Tage. Der 9. Tag ist der früheste Zeitpunkt, an dem der erste Schwarm (Vorschwarm) abgeht. Dieser besteht aus der alten Königin und ungefähr der Hälfte aller Bienen.

Bis die junge Königin aus ihrer Weiselzelle schlüpft, vergehen insgesamt 16 Tage (7 Tage nach Verdeckelung). Da es mehrere Weiselzellen gibt, die in ihrer Entwicklung unterschiedlich weit fortgeschritten sind, können danach noch mehr Schwärme auftreten, die als Nachschwärme bezeichnet werden. Sie beinhalten nicht (wie im Vorschwarm) eine alte, begattete Königin, sondern eine oder in manchen Fällen sogar mehrere junge und unbegattete Königinnen. Bei einer ökologisch-regenerativen Bienenhaltung möchten wir mit dem Schwarmtrieb arbeiten. Jedoch solltest du bei der Entscheidung, ob du deine

1. Made im Futtersaft
2. Weiselnäpfchen (Spielnäpfchen)
3. Weiselzelle am Rand des Rähmchens

SCHWARMSTIMMUNG BEEINFLUSSEN

Um die Schwarmstimmung von vornherein niedrig zu halten, biete deinen Bienen immer genug Platz zum Bauen. Deshalb solltest du regelmäßig durch weitere Leerrähmchen erweitern.

Ein Schwarm sammelt sich an einem Zweig.

Bienen schwärmen lassen willst, den Standort der BienenBox und deine zeitlichen Möglichkeiten berücksichtigen. Bei einer Bienen-Box, die am Balkon im 4. Stock hängt, ist die Wahrscheinlichkeit sehr gering, dass der Schwarm eingefangen werden kann. Hier sind andere Maßnahmen wie die Schwarmvorwegnahme sinnvoll (siehe hierzu S. 131).

Du hast verschiedene Möglichkeiten, mit Schwarmstimmung umzugehen und deinem Bienenvolk die Fortpflanzung zu ermöglichen.

DAS VOLK SCHWÄRMEN LASSEN

Falls du einen geeigneten Standort hast, kannst du den Bienen die Möglichkeit zur Schwarmbildung geben. Für den abgehenden Schwarm bist du verantwortlich. Das bedeutet, du

Zeitpunkt des Schwärmens

Der früheste Zeitpunkt, an dem ein Schwarm deine BienenBox verlässt, ist am Tag der Verdeckelung der ersten Weiselzelle in deiner Box. Von der Eiablage in eines der Weiselnäpfchen bis zur Verdeckelung dauert es neun Tage. Du solltest deshalb mindestens alle acht Tage in deine Box schauen und nach diesen Zellen, in denen du eine Larve im Futtersaft erkennst, suchen. (Am besten du suchst dir einen festen Tag in der Woche aus.) Du wirst bestimmt mehrere Weiselzellen finden und musst abschätzen, welche davon als Erstes verdeckelt wird. Nachdem die Weiselzelle verdeckelt ist, wird der Schwarm an einem sonnigen und warmen Tag um die Mittagszeit deine BienenBox verlassen. Die Bienen sammeln sich nach ihrem Auszug als Schwarmtraube in der direkten Umgebung ihrer Behausung und verweilen dort, bis sie weiterziehen.

Die Verweilzeit kann sehr unterschiedlich sein und reicht von mehreren Minuten bis zu mehreren Tagen.

solltest dich unbedingt darum kümmern, dass er eingefangen wird. Rechtlich gesehen darf jede*r deinen Schwarm einfangen. Schwärmen die Bienen auf natürliche Art und Weise, kannst du den genauen Zeitpunkt nur schätzen.

Einfangen des Schwarms

Auch wenn ein Schwarm auf den ersten Blick bedrohlich wirken kann, musst du keine Angst haben. Deine Bienen sind in dieser Situation sehr friedfertig und stellen keine Gefahr dar, denn sie besitzen kein Wabenwerk mit Futter und Brut, das sie verteidigen müssen.

Wenn dein Schwarm in zu großer Höhe sitzt oder du dich beim Einfangen in Gefahr begeben würdest, solltest du ihn lieber ziehen lassen (siehe S. 128). Gerade Nachschwärme mit jungen Königinnen neigen dazu, hoch oben zu sitzen.

> **TIPP**
> Sei bereit, deinen abenteuerlustigsten Imkerfreund anzurufen, der dir beim Schwarmfang helfen kann!

1. Kletterausrüstung beim Schwarmfang
2. Der Schwarm wird einlogiert.
3. Schwarmfang vorm Fenster

Ausrüstung zum Schwarmfang
- Schutzkleidung
- Wassersprüher
- Schwarmkiste oder selbst gebauten Schwarmkarton
- Schleier und Handschuhe (für entspannteres Arbeiten)
- ggf. Kletterausrüstung

So wird's gemacht

Das Wichtigste: Mach keine Experimente! Versuche nur, den Bienenschwarm einzufangen, wenn du es dir körperlich zutraust und dich nicht in Gefahr bringen musst.
- Hast du den Schwarm vor dir, besprühe ihn möglichst von allen Seiten mit Wasser. Dadurch zieht sich die Traube enger zusammen und die Bienen fliegen weniger auf, was das Einfangen erleichtert.
- Versuche den größten Teil des Schwarms inklusive Königin in einem Schwung in die Schwarmkiste zu befördern.
- Sobald die Königin im Kasten ist, werden die restlichen Bienen ebenfalls über ein kleines Flugloch in den Kasten fliegen. Dafür stellst du, nachdem du die Traube eingefangen hast, den Kasten an eine schattige Stelle in der Nähe auf. Es dauert eine Weile, bis der größte Teil der Bienen in deine Schwarmkiste geflogen ist und du das Flugloch schließen kannst. An Orten, die du kennst und wo du leichten Zugang hast, kannst

- du bestenfalls die Kiste bis in die Abendstunden stehen lassen.
- Wenn du deine BienenBox gleich in der Nähe stehen hast und der Schwarm an einem Ast hängt, kannst du ggf. mit einer Gartenschere den ganzen Ast abschneiden und die Bienen direkt einlogieren.
- Deine Bienen sollten jetzt in ihrer temporären Behausung an einen dunklen und kühlen Ort gestellt werden (Kellerhaft).
- Am Folgetag, in der frühen Abenddämmerung, können sie in eine neue Behausung eingebracht werden. Muss dein Schwarm länger als einen Tag in der Schwarmkiste verbringen, solltest du ihn mit Zuckerwasser (Mischung aus 200 g Wasser/200 g Zucker) füttern.

Du solltest dich für den Schwarm verantwortlich fühlen, der aus deiner BienenBox ausgeflogen ist. Wilde Honigbienenvölker, die ohne menschliche Betreuung auskommen müssen, haben wegen Behausungs- und Futtermangel kaum Überlebenschancen. Jeder Schwarm, der somit ausfliegt und nicht eingefangen und betreut wird, stirbt mit hoher Wahrscheinlichkeit. Gerade im städtischen Raum müssen die Schwärme unbedingt gesichert (eingefangen) werden.

TIPP
Eine gute Alternative zu Leiter und Kiste sind Teleskopstangen mit einem speziellen Schwarmfangsack.

Das solltest du noch beachten

Nachdem dein erster Schwarm (Vorschwarm) aus der BienenBox ausgezogen ist, sind wahrscheinlich noch weitere Weiselzellen in deiner BienenBox vorhanden, die kurz vor der Verdeckelung stehen. Entweder deine Bienen haben keine Lust mehr zu schwärmen und die neue Königin sticht die anderen Königinnen in ihren Weiselzellen ab, oder sie bleiben in Schwarmstimmung und es wird zu einem oder mehreren Nachschwärmen kommen. Jetzt musst du wieder eine Entscheidung treffen:

– Entweder du wartest ab und lässt möglicherweise deine Bienen nochmals schwärmen (Nachschwarm),
– oder du entfernst, unmittelbar nachdem der Schwarm aus der BienenBox abgegangen ist, die restlichen Weiselzellen (bis auf eine verdeckelte). Die Weiselzellen kannst du mit dem Stockmeißel/einem Messer aus dem Wabenwerk ausschneiden. Wichtig ist, dass du eine verdeckelte Weiselzelle stehen lässt. Aus ihr wird die neue Königin für dein Bienenvolk schlüpfen.
– Dritte Möglichkeit: Brutableger bilden.

Auch wenn das Schwärmen die schönste Art der Vermehrung und für die Gesundheit deines Bienenvolks sehr förderlich ist,

Bienenkönigin inmitten ihres Volks

ist es gut zu wissen, dass mit jedem Schwarm die Masse an Bienen in der Box weniger wird und du weniger Honig ernten wirst.

SCHWARM-VORWEGNAHME

Wenn du an einer natürlichen Vermehrung interessiert bist, den Schwarmabgang selbst aber verhindern möchtest, kannst du das Schwärmen kontrolliert ablaufen lassen. Dazu nimmst du den Schwarm direkt aus der BienenBox, wenn er bereit zum Abgehen ist. So wird die Schwarmstimmung deines Volks ausgenutzt und die Bienen werden die gleiche Baukraft wie ein natürlicher Schwarm haben. Diese Methode ist bei den ökologisch-regenerativ orientierten Bienenhalter*innen sehr beliebt.

Um den Schwarm vorwegzunehmen, musst du mindestens alle 8 Tage nach Weiselzellen suchen und warten, bis die älteste kurz vor der Verdeckelung steht. Die Verdeckelung der Weiselzelle zeigt dir eindeutig an, dass deine Bienen schwärmen werden. Wenn du den Zeitpunkt kurz vor der Verdeckelung erwischst, kannst du sicher sein, dass deine Bienen an den folgenden Tagen schwärmen möchten. Zeit für die Schwarmvorwegnahme!

Königinnenklammer zum Einfangen der Königin

So wird's gemacht

— Suche die alte Königin und fange sie mit einer Königinnenklammer oder einem anderen Hilfsmitteln ein. Die Suche nach der Königin kann sich hinziehen und erfordert Geduld.
Tipp: Schneller und leichter geht es, wenn zwei Personen mitmachen und jede*r jeweils eine Wabenseite absucht. Gib ab und an ein wenig Rauch, um die Bienen zu beruhigen und angenehmer suchen zu können.

— Ist die Königin gefangen und der Käfig beiseitegelegt, gib kräftig Rauch an die BienenBox. Warte dann 10 bis 15 Minuten, bis die Bienen so viel Honig wie möglich aufgenommen haben. Sie brauchen ihn für die Reise.

— Jetzt fegst bzw. schlägst du die Hälfte aller Bienen, die im Brutnestbereich unterwegs sind (ca. 1,5 – 2 kg Bienen), in eine Schwarmkiste (idealerweise mit Trichter). Die Bienen werden an den Wänden der Kiste nach oben laufen.

Wenn diese nach oben offen ist, kannst du ab und zu die Kiste aufstoßen.
- Nutze eine Sprühflasche mit Wasser, um zu unterbinden, dass die Bienen stark auffliegen.
- Setze am Ende die Königin ohne Klammer (oder alternativ in einem speziellen Zusetzkäfig) zu deinem vorweggenommenen Schwarm.

Nun kannst du den Schwarm in deiner Kiste behandeln wie einen Naturschwarm. Das bedeutet, dass du ihn einen Abend lang an einen kühlen und dunklen Ort bringst und ihn am Folgetag in der frühen Abenddämmerung in eine neue Bienenbehausung überführst. Auch hier solltest du deinem Schwarm etwas Zuckerwasser geben, wenn er länger als einen Tag in der Schwarmkiste ist.

Zurückgebliebene Bienen in der BienenBox

Entferne mit Messer oder Stockmeißel alle restlichen Weiselzellen bis auf eine verdeckelte, die jung und gepflegt aussieht.
Wenn dir dein Bienenvolk stark genug erscheint, kannst du bei anhaltender Schwarmstimmung auch weitere Bienenvölker durch Brutableger bzw. eine weitere Schwarmvorwegnahme erzeugen. Bedenke wieder: weniger Bienen im Volk bedeutet weniger Honigüberschuss!

Brutableger aus schwarmbereitem Volk

Um aus deinem Bienenvolk einen Brutableger zu bilden, musst du wieder die Schwarmstimmung abpassen. Sobald du Weiselzellen mit Larven belegt haben. Sobald du Weiselzellen entdeckst, die eine Larve enthalten, kannst du diese für einen Ableger nutzen. Für diese Methode brauchst du:
- eine Wabe mit verdeckelter Brut und larvengefüllter Weiselzelle
- eine weitere Wabe mit größtenteils verdeckelter Brut
- zwei Futterwaben mit Honig
- ca. 0,5 kg Bienen (abgestoßen von den Waben)

Diese Kombination an Waben mit aufsitzenden sowie abgestoßenen Bienen bringst du in eine neue Bienen-Box. In der Mitte liegen dabei die beiden Brutwaben und außen sind die Futterwaben platziert. Wichtig ist, dass du die aktuelle Königin nicht mitnimmst, sondern im Muttervolk belässt. Für den Transport kannst du dir einen Ablegerkasten (Kuntzsch-Hoch) besorgen, oder dir selbst eine Transportmöglichkeit bauen. Möchtest du danach keine weiteren Schwärme mehr, musst du in regelmäßigen Abständen (8 Tage) die restlichen Weiselzellen ausschneiden. Erscheint dir dein Volk noch groß genug, kannst du auch weitere Ableger bilden.

005

Zum Film: Schwarmvorwegnahme

SCHWARMZEIT

1. Abstoßen der Bienen
2. Die Königin wird zugesetzt.

Ausschneiden
der Weiselzellen

Gefahr von Krankheiten

Wenn du Wabenwerk von deinem Standort entfernst, musst du dir sicher sein, dass deine Bienen gesund sind und nicht die Gefahr besteht, dass Krankheiten verschleppt werden. Dafür veranlasst du im Vorfeld eine Futterkranzprobe, die die Grundlage eines Gesundheitszeugnisses darstellt, das dir den problemlosen Transport deiner Waben versichert (siehe S. 82 ff.).

VERMEHRUNG DES VOLKS VERHINDERN

Wenn du nicht möchtest, dass deine Bienen schwärmen, musst du die Weiselzellen brechen/ausschneiden. Dies unterbindet die Schwarmstimmung. Parallel erweiterst du regelmäßig mit weiteren Leerrähmchen. Für das regelmäßige Ausschneiden schaust du mindestens alle 8 Tage in deine BienenBox und schneidest mit deinem Stockmeißel oder einem Messer sämtliche Spielnäpfchen sowie Weiselzellen aus. Du musst vorsichtig sein, dass du nichts übersiehst. Die Zellen sind oft sehr versteckt!

SCHWÄRMEN UNTERBINDEN?

Das völlige Unterbinden des Schwärmens ist nicht im Sinne der ökologisch-regenerativen Bienenhaltung und sollte deine letzte Option sein. Mit der Verhinderung von Schwärmen können deine Bienen sich nicht natürlich fortpflanzen. Deine Bienen werden somit keine Brutpause haben, was sich negativ auf die Varroapopulation auswirkt und worunter die Gesundheit und Vitalität deines Bienenvolks leidet.

Honigernte

Bei der Honigernte nehmen wir nur den Honigüberschuss aus dem Volk, damit sich die Bienen im Winter von ihrem eigenen Honig ernähren können.

Die Honigernte steht im Hochsommer (Anfang/Mitte Juli) oder auch früher an, wenn z. B. die BienenBox schon ausgebaut ist. Du solltest bis spätestens Ende Juli die Honigernte abgeschlossen haben, um die Varroabehandlung mit Ameisensäure, die unmittelbar danach durchgeführt wird, noch im Juli umsetzen zu können (siehe S. 96). Auf keinen Fall sollte die Honigernte nach der Ameisensäurebehandlung durchgeführt werden, da dein Honig als Lebensmittel nicht mehr verkehrsfähig ist. Ist die BienenBox komplett mit Rähmchen gefüllt, kannst du von 15 kg Honigernte ausgehen. Wichtig ist, dass du den Bienen immer genug Honig für die Überwinterung übrig lässt. Ein durchschnittliches Volk braucht etwa 15 kg Honig zum Überwintern, bei einem großen Volk (oder wenn du ganz sicher gehen willst) solltest du etwa 20 kg in der Box lassen.

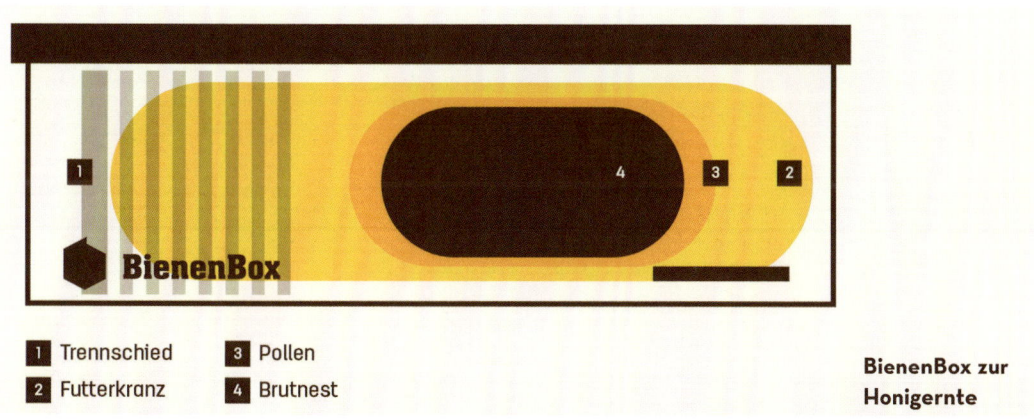

1 Trennschied
2 Futterkranz
3 Pollen
4 Brutnest

BienenBox zur Honigernte

Der Honig befindet sich im Futterkranz, der als äußerster Kranz zu dieser Jahreszeit den meisten Raum in der BienenBox einnimmt. Zur Schwarmzeit ist das Brutnest sehr groß und wird bis Mitte Juli kleiner werden.

HONIGMENGE ABSCHÄTZEN

Um den ganzen Honiginhalt abzuschätzen, kannst du einmal deine BienenBox wiegen oder über das Ziehen der einzelnen Rähmchen den Inhalt aufsummieren.
Du gehst hierbei nach dem gleichen Prinzip wie bei der Futterkontrolle vor (siehe S. 103, auf dieser Seite findest du auch die Formel zur Berechnung des Honiginhalts deiner BienenBox).

RÄHMCHEN ENTNEHMEN

Beginne mit der Honigernte auf der flugloch-fernen Seite der BienenBox. Entnimm dafür die Waben, die zu mindestens zwei Dritteln mit verdeckeltem Honig gefüllt sind, und streife mit Feder oder Imkerbesen die Bienen restlos ab. Ein Smoker erleichtert deine Arbeit, aber gehe sparsam damit um, damit dein Honig nicht den Geschmack des Rauchs annimmt. Wenn die Waben bienenfrei sind, solltes du sie sofort in eine Box (aus Plastik oder Alu) stellen und verschließen. Du solltest nur Rähmchen entnehmen, die eingelagerten Honig enthalten und keine Brut. Nachdem du alle Rähmchen für die Honigernte entnommen hast, hängst du am Ende ein leeres Rähmchen in die Box, um den Bienen genug Platz für einen weiteren Aufbau zu lassen. Hinter dem letzten Leerrähmchen hängst du das Trennschied ein und schließt dann den Deckel der BienenBox wieder.

1

HINWEIS FÜR DAS ERSTE BIENENJAHR

In deinem ersten Jahr mit einem Schwarm haben die Bienen meist genug damit zu tun, für sich selbst ausreichend Honig zu sammeln, und produzieren keinen Überschuss, der von dir geerntet werden könnte. Ist dein Volk besonders stark, könnte es sich lohnen, den Honiginhalt zu messen bzw. zu schätzen. Vielleicht fällt doch noch etwas für dich ab!

HONIGERNTE

INFO
HONIGERNTE
Dauer: 4 Std.
Zeitpunkt: Juli

1. Arbeiten mit Smoker
2. Abfegen der Bienen über der BienenBox
3. Das Rähmchen wird in eine verschließbare Box gestellt.

2 | 3

SAUBERES ARBEITEN

Damit dein Honig verkehrsfähig ist (auch wenn du ihn nur verschenken möchtest), solltest du ihn in einem sauberen, trockenen, geruchsneutralen Raum verarbeiten. Während der Honigernte solltest du keine Bienen, die eventuell noch auf den Waben sitzen, mit in deine Küche nehmen. Diese könnten beim Zurückkehren in die BienenBox den anderen mitteilen, wo sich ihre Futterquelle befindet. Dann kommen dich deine Bienen vielleicht in der Küche besuchen, um sich ihren Honig zurückzuholen. Honig, der bei der BienenBox danebengeht, solltest du gleich mit einem feuchten Tuch aufwischen, um keine Räuber anzulocken. Deshalb ist es günstig, die Honigernte auf den Abend zu legen, weil zu dieser Zeit weniger Räuber fliegen.

WABEN AUSSCHNEIDEN

Öffne die Kiste mit den Honigwaben erst in deiner vorbereiteten Küche. Um den Honig zu ernten, schneidest du zuerst die Waben mit einem Messer aus den Rähmchen und lässt sie in einen Eimer fallen. Trenne mit dem Messer die Wabe vom Unterträger sowie vom linken bzw. rechten Seitenteil des Rähmchens. Wenn die Wabe nur noch am oberen Träger des Rähmchens festhält, bricht die Wabe beim Kippen des Rähmchens ab und fällt direkt in den Honigeimer. Im Eimer zerkleinerst du die Waben erst grob mit einem Messer und machst mit Hilfe eines Kartoffelstampfers o. Ä. einen Honig-Wachs-Brei. Diesen Brei füllst du in ein Doppelsieb. Es enthält ein grobes und ein feines Sieb und ist im Fachhandel zu finden. Nach ungefähr 2 Stunden hat sich der größte Teil des Honigs vom Wachs getrennt und befindet sich im darunterliegenden Eimer. Wenn du restlos allen Honig möchtest, solltest du den Brei über Nacht im Doppelsieb belassen. Der Honig kann gleich in Gläser abgefüllt und verzehrt werden. Falls er durch kühle Lagerung kristallisieren sollte, kannst du ihn in einem warmen Wasserbad wieder verflüssigen. Da Honig zum Großteil aus Zucker besteht, ist er theoretisch ewig haltbar. Kurz nach der Honigernte solltest du die Varroabehandlung mit Ameisensäure durchführen (siehe S. 96 ff.).

1. Ausschneiden der Waben
2. Hierbei ist sauberes Arbeiten wichtig.
3. Die Wabe bricht vom Oberträger ab und fällt in den Honigeimer.
4. Der Honig wird mit einem Kartoffelstampfer zu Mus verarbeitet.
5. Das Doppelsieb wird auf den Honigeimer gestellt.
6. Das Mus wird in das Doppelsieb eingefüllt.
7. Der fertige Honig fließt in den Eimer.

Zum Film: Honigernte

Einfach ökologisch Imkern lernen

Die beste Theorie kann die Praxis nicht ersetzen. Wenn du am Einstieg in die ökologisch-regenerative Bienenhaltung interessiert bist, solltest du einen Imkerkurs absolvieren. Kurse und vieles mehr hat Stadtbienen im Angebot!

Imkerkurse gibt es viele – bestimmt auch im Imkerverein in deiner Stadt. Finde einen Kurs, der zu dir passt! Wenn dir meine Herangehensweise gefällt, wirst du dich in den Kursen von Stadtbienen gut aufgehoben fühlen.

DAS BESONDERE AM IMKERKURS VON STADTBIENEN

Einfach und praxisnah: In unserem Imkerkurs lernst du Schritt für Schritt, deine eigenen Bienen zu halten. Dabei darfst du viel selbst anpacken. Wir ermöglichen dir einen niedrigschwelligen Zugang in dein neues Hobby und bringen dir den sicheren Umgang mit den Bienen bei.

Ganzheitlich und undogmatisch: Gemäß Stadtbienen-Philosophie erlernst du die Bienenhaltung mit Blick auf das Bienenwohl, die Natur und das große Ganze. Alle unsere Kursleiter*innen haben viele Jahre Erfahrung und sind offen für einen differenzierten Umgang mit Themen, über die man kräftig streiten kann.

Modern und flexibel: Mit einem Mix aus digitalen Medien und praktischen Kurseinheiten lernst du bei uns alles für dein erstes Imkerjahr. Vor Ort ist deine Kursleiterin für dich da und bleibt mit dir und deiner Kursgruppe online in Kontakt. Kein Problem, wenn du mal einen Termin verpasst: Es gibt einen Livestream zu jedem Praxistermin, den du dir jederzeit in der Mediathek anschauen kannst. Im Imkerkurs von Stadtbienen sind alle gut aufgehoben, die

— in ihrer Freizeit mehr Sonne und Natur genießen möchten,
— am liebsten praktisch Neues lernen,
— nicht nur über Honigbienen, sondern auch über Wildbienen etwas lernen wollen,
— Lust haben, Gleichgesinnte kennenzulernen und an einer wichtigen Sache gemeinsam zu arbeiten.

Auf **stadtbienen.org/imkerkurs** kannst du dich informieren und anmelden, Imkerkurse starten im Frühjahr.

007

**Zum Film:
Imkerkurs bei
Stadtbienen**

BIENENVIELFALT FÜR GESUNDE ÖKOSYSTEME

Umweltbildung ist für Stadtbienen eine Herzensangelegenheit und der Kern unseres Tuns. Deswegen wird nicht nur Jahr für Jahr am Imkerkurs gefeilt. Wir arbeiten ständig an der Entwicklung neuer Bildungsangebote für verschiedene Zielgruppen. Unsere Vision ist dabei unser Kompass: Bienenvielfalt für gesunde Ökosysteme.

Förderprojekte für alle

Mit Kita- und Schulbienen begeistern wir Kinder für die Umwelt und die Welt der Insekten. In interkulturellen Bienenprojekten bringen wir Menschen zusammen und schaffen Raum für gemeinsame positive Erlebnisse in der Natur vor der Haustür.

Angebote für Unternehmen

In den Unternehmensprojekten verfolgen wir gleich mehrere Maßnahmen: Ökologisch-regenerative Bienenhaltung an Unternehmensstandorte bringen, Flächen zu Wildbienenoasen umgestalten, und Mitarbeiter*innen mit niedrigschwelligen Bildungsangeboten versorgen.

Weitere Kurse für Privatpersonen

Im Schnupperkurs kannst du ganz unverbindlich mit den Bienen auf Tuchfühlung gehen. Für fortgeschrittene Bienenhalter*innen sind unsere Aufbaukurse interessant. Bei der digitalen Bienenstunde kann jede*r kostenlos teilnehmen und Einblicke in verschiedene Bienenthemen erhalten. Wir freuen uns auf deinen Besuch – www.stadtbienen.org

DANK AN ALLE UNTERSTÜTZER*INNEN

Ich freue mich sehr, nach 10 Jahren Projektverlauf eine Überarbeitung des ersten Buches von 2017 zu veröffentlichen. Ich danke allen Menschen, die unser Projekt gestärkt haben und durch ihre Kooperation und Offenheit gegenüber neuen Entwicklungen zeigen, dass ein ernsthafter, aber undogmatischer Umgang mit der Bienenhaltung zukunftsfähig ist. Hierbei geht der Dank an alle Bienenhalter*innen, die mich durch Zugang zu ihren Informationen befähigt haben, die Bienen-Box zu optimieren und an die Wünsche der Bienen und ihrer Halter*innen anzupassen. Auch danke ich den Berliner Werkstätten für Menschen mit Behinderung, die mit viel Geduld und Engagement diese Optimierungen in die Tat umgesetzt haben und seit Beginn des Projektes unser Produktionspartner sind.

Ebenfalls danke ich dem Stadtbienen-Kernteam in Berlin, sowie dem großen Netzwerk an Menschen, die im Namen der Stadtbienen, in vielen Städten im deutschsprachigen Raum, Menschen zu Bienenhalter*innen ausbilden. Gerade mein enges soziales Umfeld hat mich zu Anfang des Projekts mit viel ehrenamtlicher Arbeit unterstützt, was den weiteren Verlauf überhaupt ermöglichte.
Großer Dank geht an Marie Fröhlich, die mir nach vielen Jahren bei Stadtbienen schriftlich und bei den Fotos den Rücken für die Überarbeitung des Buchs gestärkt hat.
Ein ganz besonderer Dank gilt meinem inzwischen verstorbenen Großvater Franz Wagner, der mir schon als kleiner Junge die Faszination der Bienen nähergebracht hat und damit den Grundstein meiner Bienenbegeisterung legte.

Register

A
Ableger 46, 58, 64 f., 82, 132
Absperrgitter 17, 45 f., 65
Ameisen 89, 97
Ameisensäure, Sommerbehandlung 96 ff.
Ameisensäure 135, 139
Amerikanische Faulbrut 67, 69, 82 f.
Ammenbiene 20 ff., 31
Apis cerana 81
Apis mellifera 10
Apis mellifera carnica 10
Arbeiterinnen 18 ff.
Arten, Honigbiene 10
Asiatische Hornisse 86

B
Balkon, Balkonhaltung 49, 54, 55
Baubiene 20, 23
Bestandsbuch 109
Beutenklima 48, 95, 116
Bien 14, 18
Biene, Dunkle 10
BienenBox 5, 16, 31, 36 ff.
– Bestandteile 40 ff.
– Durchsicht 74
– Kühlung 122
– Standort 53 ff.
– Umzug 8 f.
– Wiegen 103 f., 136
Bienenbrot 21, 23, 31
Bienenhaltung, Ökologisch-regenerative 8 ff., 140
Bienenprodukte 26
Bienenrassen 10
Bienensterben 6
Bienentränke 78
Bienenwesen 18
Biodiversität 15
Biotechnische Maßnahmen 95, 101 f.

Boden, BienenBox 42
Brutableger 64, 130 ff.
Brutfreiheit 102, 106
Brutkrankheiten 80
Brutnest 17, 20 ff., 31, 120
Brutnesttemperatur 25
Bruttätigkeit 43, 93, 101
Brutzelle 76, 82
Buckfastbiene 10

C
Carnica 10

D
Dachstandort 54, 55
Doppelsieb 139
Drohnen 18 ff., 92
Drohnenbrütigkeit 41, 72
Drohnenschlacht 18
Dunkle Biene 10
Durchfallerkrankungen 84

E
Entwicklung, Bien 92
Erweiterung 119 ff.

F
Faulbrutsporen 69, 80 ff., 114
Fluglochverkleinerung 46, 60 f., 87, 89, 98, 115
Flugschneise 36, 55
Fortpflanzung 56, 126
Frühling 18, 92, 119
Futterkontrolle 103, 112 ff.
Futterkranz 31
Futterkranzprobe 82 f.
Futtertasche 47, 69
Futterteig 114
Futterwabe 75
Futterzelle 76 f.

G
Gartenstandort 54
Gelée royale 20 ff.
Gemüllstreifen 112 f.
Gemüllwindel 42, 96
Gesundheitszeugnis 64, 79

H
Herbst 93
Hochzeitsflug 19, 57, 71, 92
Honig 13 ff., 135 ff.
Honigbienenarten 10
Honigernte 135 ff.
Honigernte, Dauer 137
Honigernte, Zeitpunkt 137
Honiginhalt schätzen 103, 136
Honigzelle 104
Hornisse, Asiatische 86
Hypopharynxdrüse 21

I
Imkerbesen 51
Imkerei, Entwicklung 12
Imkerkurs 58, 140
Imkerverein 38, 58

J
Jutetuch 17, 44

K
Kärntner Honigbiene 10
Kellerhaft 60, 129
Klimadeckel 47
Königin 19
Königin, Finden 101
Königin, Käfigen 62, 101 f.
Königinnenklammer 102, 131
Königinnenzelle 125
Königinnenzucht 14
Korbimkerei 12

Kotblase 25, 37, 92, 115
Krankheiten 80 ff.
Kunstschwarm 56 ff.
Kuntzsch hoch 16, 41, 65

L

Landwirtschaft 6, 54
Langstroth, Lorenzo 12
Lebenserwartung 21
Legeleistung, Königin 92, 123
Lüftungsklappe 48

M

Mandibeldrüse 21
Mittelwände 14, 41, 62

N

Nachbarschaft 35, 37
Nachfüttern 105
Nachschwarm 71, 125
Nahrung, Bienen 26, 54
Nassenheider Verdunster 98 ff.
Naturschwarm 56 ff.
Naturschwarm, Einlogieren 60
Naturwabenbau 14, 40
Nosematose 84
Notfütterung 113

O

Ökologisch-regenerative
  Bienenhaltung 13
Oxalsäure 106 ff.
Oxalsäure, Behandlungsdauer 108
Oxalsäure, Behandlungszeitpunkt 108
Oxalsäure, Dosierung 109

P

Pollen 22 ff., 26 ff.
Pollenzelle 76
Privathaftpflichtversicherung 39
Produkte, Bienen 26 ff.
Propolis 28
Puderzuckermethode 97
Putzbiene 22

Q

Queenspotting 101

R

Rähmchen 31, 41
Randwabe 75 f.
Räuberei 88, 105, 118
Registriernummer 83
Reinigungsflug 84, 92
Ruhr 84

S

Samenblase 19
Sammelbiene 25
Säuren, Organische 94 ff., 106
Schiffsrumpfleisten 17, 31, 41
Schimmel 48, 116
Schleier 36, 50, 128
Schwarm 56
Schwarm, Unterbinden 134
Schwarm, Einfangen 127 ff.
Schwarmbörse 58
Schwarmkiste 60 ff.
Schwarmstimmung 123 ff.
Schwarmtrieb 15, 125
Schwarmvorwegnahme 131
Schwarmzeit 123 ff.
Serviceklappe 48
Smoker 50, 136
Sommer 92
Sperrbezirk 58
Spielnäpfchen 124 f., 134
Standort, BienenBox 53
Standvorrichtung 48
Steighilfen 69
Stockhygiene 22, 85
Stockmeißel 51
Streichholzprobe 82

T

Tetra Pak 68, 105
Tierseuchenkasse 36, 67
Tonröhre 12
Trennschied 45

U

Überfütterung 104
Überwinterung 69, 135
Überzüchtung 13

V

Varroa, Behandlung 94 ff.
Varroamilbe 81 ff.
Varroamilbe, Befall bestimmen 96 ff.
Varroamilbenbefall 43
Varroa, Sommerbehandlung 96 ff.
Varroawetter 98
Verantwortung, Bienen 34 ff.
Verdampfen 110
Vermehrung verhindern 123 ff.
Vermieter 34 ff.
Versatz, Waben 73
Versicherung 79
Vespa velutina 86 f.
Veterinäramt 36, 58, 67, 79, 82 f.
Volk, drohnenbrütiges 72
Völkervermehrung 123
Vorschwarm 125, 130

W

Wabe, bebrütet 80
Waben ausschneiden 139
Waben aussortieren 115
Waben, schräger Bau 120
Waben, Versatz 73
Waben, Wildbau 120
Wabenbau 23
Wabenhygiene 80
Wabenzellen 20, 76
Wachs 28
Wachsdrüsen 18, 23
Wachsmotten 42
Wächterbiene 25
Weiselnäpfchen 124, 127
Weiselrichtigkeit 71
Weiselzellensuche 123
Wespe 88 f.
Widerstandsfähigkeit 11
Winter 93
Winterbiene 25
Winterkontrolle 112 ff.
Wintertraube 49, 106, 110, 113 f., 117
Winterverluste 117

Z

Zeitaufwand, BienenBox 34
Zuckerlösung 68 f., 105
Zuckerwasser 114
Zufüttern 68
Zuhause, Bienen 4, 16

BILDNACHWEIS

124 Farbfotos und 6 Filme wurden von Unterstützer*innen der Stadtbienen gGmbH für dieses Buch zur Verfügung gestellt: Marie Fröhlich, Daniel Müller (Freunde von Freunden), Robert Rieger (Freunde von Freunden), Anna-Maria Pawlicki und Johannes Weber.

Weitere Farbfotos von Adobe Stock (16: S. 7 li./Martino, 7 re./Brastock Images, 11 o./Vera Kuttelvaserova, 14 li./Andreas, 18/photografiero, 19/diyanadimitrova, 24/primoz, 25/Dave Massey, 72/Jürgen Kottmann, 74/Cultura Creative, 79/StefanJoachim, 85/Anna, 86/ll911, 87/Rodolphe, 95/Игор Чусь, 113 li./dominic_dehmel).

Mit 25 Illustrationen von Joana Kelén (10: S. 12, 20, 21, 22/23, 27, 28, 29), Ina Nixdorf (15: S. 75, 81, 100, 114, 124, 135 und alle Icons).

IMPRESSUM

Umschlaggestaltung von GRAMISCI Editorialdesign unter Verwendung von 10 Farbfotos von Stadtbienen gGmbH (U1, U4 und Klappen).

Mit 140 Farbfotos und 25 Farbzeichnungen.

Alle Angaben in diesem Buch erfolgen nach bestem Wissen und Gewissen. Sorgfalt bei der Umsetzung ist indes dennoch geboten. Der Verlag und der Autor übernehmen keinerlei Haftung für Personen-, Sach- oder Vermögensschäden, die aus der Anwendung der vorgestellten Materialien, Methoden oder Informationen entstehen könnten.

Unser gesamtes Programm finden Sie unter **kosmos.de**.
Über Neuigkeiten informieren Sie regelmäßig unsere
Newsletter, einfach anmelden unter **kosmos.de/newsletter**

Gedruckt auf chlorfrei gebleichtem Papier

2. überarbeitete und aktualisierte Auflage
© 2017, 2024, Franckh-Kosmos Verlags-GmbH & Co. KG,
Pfizerstraße 5–7, 70184 Stuttgart
Alle Rechte vorbehalten
Wir behalten uns auch die Nutzung von uns veröffentlichter Werke für Text
und Data Mining im Sinne von § 44b UrhG ausdrücklich vor.
ISBN 978-3-440-17693-1
Redaktion: Hilke Heinemann
Gestaltungskonzept: GRAMISCI Editorialdesign/Claudia Geffert, München
Gestaltung und Satz: DOPPELPUNKT, Stuttgart
Überarbeitung 2024: Atelier Krohmer, Dettingen/Erms
Produktion: Angela List
Druck und Bindung: Westermann Druck Zwickau GmbH, Zwickau
Printed in Germany / Imprimé en Allemagne